Jacqueline Irrgang

Leitfaden Kundenservice

Vielleicht gibt es eines Tages den ersten weiblichen Vorstand für Kundenservice.

Viel Spaß beim Lesen wünscht

Jacqueline Irrgang

Jacqueline Irrgang

Leitfaden Kundenservice

Exzellenter Service in allen Phasen des Kundenkontakts

GABAL

Bibliografische Information der Deutschen Nationalbibliothek

Die Deutsche Nationalbibliothek verzeichnet diese Publikation in der Deutschen Nationalbibliografie; detaillierte bibliografische Daten sind im Internet über http://dnb.d-nb.de abrufbar.

ISBN 978-3-89749-925-6

Lektorat: Dr. Michael Madel, Ruppichteroth
Umschlaggestaltung: Martin Zech Design, Bremen (www.martinzech.de)
Umschlagfoto: Stockbyte/getty images
Zeichnungen: Oliver Knittel
Satz und Layout: Lohse Design, Büttelborn (www.lohse-design.de)
Druck und Bindung: Salzland Druck, Staßfurt

www.gabal-verlag.de
www.gabal-shop.de
www.gabal-ist-ueberall.de

Inhaltsverzeichnis

Vorwort 7

Einleitung 8

1. Fragen zum Kundenservice 12
Was ist Kundenservice –
und warum soll ich ihn überhaupt anbieten? 12
Wieso benötigt ein Unternehmen eine Vision? 16
Wer sind meine Kunden? 19
Welche Service-Strategie biete ich welchen Kunden? 21

2. Fragen zur Organisation des Kundenservice 25
Wie ist ein Kundenservice-Center organisiert? 25
Warum braucht ein Kundenservice-Center Prozesse? 32
Wie wichtig ist Qualität und wie stelle ich sie sicher? 41
Mit welchen Kennzahlen wird die Qualität überprüft? 57
Wie viel Technik braucht ein Kundenservice-Center? 65

3. Fragen zum Personal 72
Welche Mitarbeiter braucht ein Kundenservice-Center? 72
Wie finde ich die „richtigen“ Mitarbeiter? 75
Wie binde ich die Mitarbeiter langfristig an
das Unternehmen? 90

4. Outsourcing von Kundenservice-Centern 100
Was ist Outsourcing? 100
Wie ist ein externer Dienstleister organisiert? 102
Wie wähle ich einen externen Dienstleister aus? 104
Wie steuere ich den externen Dienstleister? 108
Ist das komplette Auslagern des
Kundenservice wirklich sinnvoll? 114

5. Backsourcing: Zurück ins Unternehmen **119**
Wie gliedere ich den Kundenservice wieder ein? **119**
Wer bietet bei der Wiedereingliederung Unterstützung? **125**
Wie werden die Kundenserviceprozesse in die vorhandenen Unternehmensprozesse integriert? **132**

6. Die 20 wichtigsten Merksätze auf einen Blick **143**

Schlusswort **146**

Literaturverzeichnis **149**

Stichwortverzeichnis **150**

Die Autorin **152**

Vorwort

Liebe Leserinnen und Leser,

Thema: Kundenservice

kennen Sie schon Koukou? Koukou ist eine weise Eule und will, dass guter Kundenservice eines Tages überall die Regel ist – und keine Ausnahme. Sie ist zwar weise, leider aber fehlt ihr im Bereich Kundenservice das Fachwissen.

Entstehung des Buches

Um ihr Wissen zu erweitern, hat Koukou im Internet ihre Erlebnisse in einem Blog niedergeschrieben. Ihre Hoffnung: Ein Spezialist gibt ihr Antworten auf ihre Fragen zum Thema Kundenservice. Ich habe den Blog gelesen und mit Koukou Kontakt aufgenommen. Das Ergebnis: Sie beschreibt in dem Blog ihre Erlebnisse und Erfahrungen – und ich beantworte dann ihre Fragen, gebe Hinweise und Tipps, und zwar als Fachfrau fürs Thema Kundenservice.

Aufbau

So ist das vorliegende Buch in Teamarbeit entstanden. In jedem Kapitel stehen ein Thema und eine Koukou-Frage im Mittelpunkt. Meine Hinweise fasse ich zum Kapitelende in einem Merksatz zusammen, der Ihnen helfen soll, neues Wissen zum Kundenservice in Ihrer Praxis einzusetzen.

Viele Geschichten werden Ihnen bekannt vorkommen und Sie schmunzeln lassen. Zu manchen Geschichten hat mir Koukou ein Foto zur Verfügung gestellt, damit Sie Koukou auch einmal in Aktion erleben können.

Ich freue mich, wenn Ihnen das Buch gefällt und Koukou und meine Erfahrungen Ihnen nützlich sind!

Ihre

Jacqueline Irrgang

Einleitung

Eine Eule in Griechenland

Wahrscheinlich möchten Sie Koukou erst einmal etwas näher kennen lernen: Koukou liebt Griechenland, und ihr Hobby ist das Fahrradfahren. Sehnsüchtig denkt sie an ihren letzten Urlaub zurück und erinnert sich lebhaft an den guten Kundenservice auf Kreta. Sie kennen das – ein Fahrrad hat die schlechte Angewohnheit, ab und an repariert werden zu müssen. Das passiert in Deutschland und auf Kreta – und so beginnt sie, den griechischen Kundenservice mit dem deutschen zu vergleichen. Das fällt ihr leicht, denn ihr ist im Urlaub und zu Hause etwas ganz Ähnliches widerfahren.

Bleiben wir in Deutschland: Um in Form zu bleiben, geht Koukou walken, außerdem fährt sie natürlich viel Fahrrad. An einem traumhaft schönen Frühlingssamstag will sie sich auf ihr Fahrrad schwingen, um einen Ausflug zu machen. Radhose, Radhandschuhe und Radbrille – derart durchgestylt begibt sie sich in ihre Garage, dort steht ihr Fahrrad.

Kundenservice in Deutschland

Mit Entsetzen stellt sie fest: Die Speiche ist defekt. Was nun? Es ist Samstag, der Fahrradhändler hat aber noch geöffnet. „Eine Speiche auswechseln – das kann ja nicht so schwierig sein", denkt sie sich und schiebt das Fahrrad zum Händler.

Der Radhändler schaut sich das Fahrrad an und spricht sein Urteil: „Ihre Speiche ist kaputt. Das können wir Ihnen heute aber nicht mehr machen. Einer unserer Fahrradmechaniker ist krank, der andere hat Urlaub. Wenn es ganz dringend ist, bis übermorgen vielleicht!"

Deutsche Gründlichkeit

Zwei fahrradlose Tage – das fällt Koukou schwer, aber was will sie an ihrem Schicksal ändern? Also erhält sie einen Reparaturschein mit Angaben zu Namen, Adresse und Marke des Fahrrads; der Reparaturauftrag ist verzeichnet, oben rechts steht die Reparaturnummer. Der nette Radhändler weist sie noch freundlich, aber mit strenger Miene darauf hin, dass eine Herausgabe des Fahrrads nur gegen Vorlage des Reparaturscheins erfolgen kann und sie diesen deswegen auf keinen Fall verlieren dürfe.

Teurer Kundendienst

Als Koukou gerade gehen will, packt sie doch noch die Neugier. Warum nur dauert es so lange, eine Speiche auszuwechseln? Sogleich ist der Mechaniker in seinem Element und erklärt ihr ausführlich, wie kompliziert und aufwendig es sei, eine Speiche zu wechseln:

- Ein IHK-geprüfter Fahrradmechaniker-Geselle baut die alte Speiche aus und ersetzt sie durch eine neue.
- Dann spannt er die Felge in die Speichenzentriermaschine ein.
- Wenig später erscheinen Höhen- und Seitenschlag auf dem Display.
- Nach dem ersten Zentrieren gibt es nur 1,3 mm Seitenschlag.
- Noch ein wenig Feinarbeit – und schon läuft die Speiche wieder rund.

Zwei Tage später. Koukou steht mit dem Reparaturschein an der Kasse. Und erfährt, dass die mittels EDV erstellte Rechnung folgende Positionen aufweist:

	Speiche	0,30 €
	Rad ein- und ausbauen und Felge zentrieren	
	ergeben laut einer Zeitwerttabelle 0,75 Zeiteinheiten*	51,00 €
	Zwischensumme	51,30 €
+	19 % Mehrwertsteuer	9,75 €
	Gesamtsumme	**61,05 €**

Anmerkung:
* Die Zeiteinheit ist die Zeit, die ein mittelmäßig begabter IHK-geprüfter Fahrradmechaniker-Geselle benötigt, um eine Speiche zu erneuern. Dies dauert wohl eine Dreiviertelstunde, womit die 0,75 Zeiteinheiten zu erklären sind. Da eine Mechanikerstunde mit 68,– € zu verrechnen ist, ist mittels eines einfachen Dreisatzes der Arbeitslohn mit 54,– € zu veranschlagen.

Kundenservice – mal anders

Ein Jahr später fliegt Koukou nach Kreta. Im Gepäck befindet sich ihr Fahrrad, denn sie möchte auf dieser wunderbaren Insel die Natur radelnd erkunden. In der ersten Woche genießt sie das schöne Wetter und fährt durch die wirklich sehr schöne Landschaft – auch über unbefestigte Straßen. Das hätte sie besser bleiben lassen. Denn es kommt, was kommen musste, die Speiche hält den schlechten Straßen nicht stand und reißt. Oh Gott, nicht schon wieder zwei Tage ohne Fahrrad. Die Erfahrung in Deutschland steht ihr noch lebhaft vor Augen. Nach langem Suchen findet sie endlich ein Fahrradgeschäft.

In dem winzigen Laden steht ein uralter Schrank. Auf der gegenüberliegenden Seite eine Werkbank mit Schraubstock. Der Boden besteht aus roten Ziegelsteinen, die vom harten Werkstattalltag ein wenig mitgenommen aussehen. Als Koukou in den Laden schaut, steht der Meister Nikos vor dem Eingang, die Hände lässig an seinen Blaumann gelehnt. Er hebt kurz die Hand, winkt einem knatternden Moped zu und brüllt: „Jassu Kostas, ti kanis?“ – das heißt: „Hallo Kostas, wie geht es Dir?“ Nikos sieht so aus, als könne ihn nichts, aber auch wirklich gar nichts aus der Ruhe bringen.

Begeisterter Service

Koukou schiebt ihr Fahrrad in den Laden und versucht zu erklären, dass die Speiche gerissen ist. Nikos entblättert das Hinterrad und sucht nun umständlich nach einer passenden Speiche. Schließlich scheint er eine passende Speiche gefunden zu haben. Er spannt die Achse in den Schraubstock ein. Jetzt läuft er wieder zum Schrank und sucht irgendetwas. Ein Strahlen leuchtet auf seinem Gesicht. Er hat eine Ölbüchse in der Hand.

Begeisternder Service

Oh Gott, was will er denn damit? Er soll das Rad doch nicht ölen. Als er Koukous verdutztes Gesicht sieht, macht er eine Geste, die so was wie „keine Panik" bedeuten soll. Nikos stellt die Blechbüchse genau unter die Felge und dreht sie einmal. Da ist wohl noch ein kleiner Achter drin. Neues Zentrieren, Felge über Blechbüchse justieren, drehen – alles läuft perfekt.

Koukou schaut das Rad kritisch an und muss zugeben, dass Nikos das echt gut hingekriegt hat. „Exi ewro", meint Nikos. Koukou legt die 6 Euro auf den Tisch und freut sich auf den nächsten Ausflug.

Kundenservice: Was ist das?

Auf diesem Ausflug hat sie genügend Gelegenheit, über die zwei Erlebnisse nachzudenken und sie miteinander zu vergleichen. Was den Kundenservice anbelangt: Sie wundert sich über die erheblichen Unterschiede. Und darum lautet die erste Frage, die sie in ihrem Blog stellt: Was ist Kundenservice – und warum soll ich ihn überhaupt anbieten?

1. Fragen zum Kundenservice

Vision und Kundenkenntnis

In diesem Kapitel wird beschrieben, was Kundenservice ist und warum ein Unternehmen ihn anbieten sollte. Es zeigt Koukou, dass dazu eine Strategie und Vision notwendig ist. Und: Um einen Kundenservice aufzubauen, benötigt ein Unternehmen profunde Kenntnis über seine Kunden.

Was ist Kundenservice – und warum soll ich ihn überhaupt anbieten?

Definition

Unter Kundenservice verstehen wir generell eine organisatorische Einheit in einem Unternehmen, die alle Kundenwünsche bearbeitet und entgegennimmt, die nach dem Verkauf eines Produktes entstehen.

Kundenwünsche erfüllen

Der Kauf des eigentlichen Produkts, etwa eines Fahrrads, ist bereits Vergangenheit. Nun wünscht der Kunde eine Reparatur des Fahrrads. Er könnte aber auch Zubehörteile kaufen oder eine Garantieleistung in Anspruch nehmen. Alle genannten Leistungen fallen unter den Kundenservice. Im Kundenservice wünscht sich der Kunde

- einen kompetenten Ansprechpartner,
- der erreichbar ist,
- ihn versteht,
- ihm schnell weiterhilft und
- schließlich eine Lösung findet, mit der er zufrieden ist.

Kommen wir zurück zu Koukous Erfahrungen: Worin liegt der Unterschied zwischen dem deutschen und dem griechischen Kundenservice?

- Der deutsche Kundenservice wird bürokratisch organisiert. Der Chef oder das Unternehmen stellt Regeln auf, die eingehalten werden müssen. Da ist wenig Raum für Kreativität. Mal eben etwas zwischendurch reparieren – das geht gar nicht.

- Der griechische Kundenservice ist unkompliziert und trotzdem effektiv. Der Radhändler hat Spaß bei der Arbeit. Der Aufenthalt in der Werkstätte und der Kreta-Urlaub bleiben beim Kunden daher in guter Erinnerung.

Service als Unterscheidungsmerkmal

In Zeiten sich angleichender Produkte und Preise stellt der Kundenservice ein elementares Unterscheidungsmerkmal dar. Der Kunde kauft dort, wo neben Produkt und Preis auch der Service stimmt. Das bedeutet: Kundenservice ist eine Philosophie, die im gesamten Unternehmen gelebt wird. Das gilt für kleine Unternehmen genauso wie für die Global Player.

Kundenservice-Center

Bei größeren Unternehmen gibt es Abteilungen, die als erste Anlaufstelle für Kunden fungieren. Hier hilft nicht Nikos, sondern ein Mitarbeiter, der eine Anfrage telefonisch oder schriftlich entgegennimmt. Die Organisationseinheiten, in denen die meisten Anfragen telefonisch oder schriftlich eingehen, werden auch Call-Center oder Kundenservice-Center genannt.

Beispiel für Kundenservice

Grundsätzlich sollte jedes Unternehmen Kundenservice bieten. Ob der Kundenservice mit Hilfe eines Kundenservice-Centers umgesetzt werden soll, ist abhängig von der Größe des Unternehmens, vom Produkt und letztendlich von den Kosten. Ein Beispiel aus der EDV-Branche zeigt, wie wichtig Kundenservice heutzutage ist:

Beispiel

Die Firma Dell hatte ihren Kundenservice nach Indien ausgelagert. Grund: Die Arbeitskräfte dort sind billig. Leider sprechen sie ein schlechtes Englisch. Dell hat daraufhin die Mitarbeiter im amerikanischen Englisch geschult.

Trotz der gut geschulten Mitarbeiter haben sich die Kunden massiv beschwert. Der Auftragseingang ging stark zurück. Dell sah sich gezwungen, den Kundenservice wieder zurück nach Texas zu holen und von einheimischen Mitarbeitern durchführen zu lassen.

Wettbewerbsvorteil durch Service

Die Geschichte zeigt, dass es nicht ausreicht, ein Kundenservice-Center zu unterhalten. Die Mitarbeiter im Kundenservice-Center müssen die Bedürfnisse der Kunden nachvollziehen und ihre Sprache verstehen können. Und sie sollten über die Kompetenz verfügen, den Fall des Kunden abschließend und zufrieden stellend zu bearbeiten. Das bedeutet: Bei vergleichbaren Produkten und Preisen bietet guter Kundenservice einen klaren Wettbewerbsvorteil.

Erfolgsfaktor CI

Die Einrichtung von Kundenservice-Centern sowie guter Kundenservice alleine reichen jedoch noch nicht aus. Das Unternehmen braucht überdies eine auf den Kunden ausgerichtete Corporate Identity, eine Unternehmensidentität, die für ein gutes Bild nach außen und ein gutes Image sorgt. Denn fatal ist es, wenn ein Kundenservice-Center zwar im Unternehmen existiert, aber schlechte Publicity dem Image des Unternehmens schadet: Wenn ein Unternehmen für schlechte Schlagzeilen sorgt, prägt sich das ein und kann zu Auftragsverlusten führen.

Imageschaden: Beispiel Siemens

Dass ein Imageschaden einen guten Kundenservice ad absurdum führen kann, zeigt das folgende Beispiel:

Beispiel

Siemens war einmal ein gesundes Unternehmen mit einer klaren Ausrichtung. Da alle Global Player dazugekauft und sich breit aufgestellt haben, musste Siemens ähnlich handeln.
Siemens war früher dafür bekannt, gute Ingenieure zu haben und die besten Maschinen zu besitzen. Dann kamen nach und nach die Bereiche PC, Telefonanlagen, Handys und sogar ACDs (Automatic Call Distribution) mit entsprechender Call-Center-Software hinzu. Mit dem Kerngeschäft hatten diese Bereiche nichts mehr zu tun.
Schließlich konzentrierte sich das Management wieder auf die „alte" Kernkompetenz und verkaufte die Handysparte an BenQ. Der Bereich der Telekommunikation wurde aufgelöst. Auf diese Art und Weise war Siemens auf einen Schlag eine Menge Mitarbeiter los. Es fand ein Betriebsübergang statt. BenQ ging in die Pleite. Die Mitarbeiter, die teilweise 10 bis 15 Jahre lang bei Siemens beschäftigt waren, verloren ihren Arbeitsplatz. Viele rutschten in Hartz IV ab.
Welch ein Imageschaden für Siemens!

Beispiel Telekom

Ein anderes Beispiel ist die Deutsche Telekom: Die Telekom wundert sich, dass ihr Jahr für Jahr die Kunden davonlaufen. Ein Koloss von Staatsunternehmen sollte plötzlich als AG agieren. Das Gros der Mitarbeiter aber waren Beamte. Anstatt ein vernünftiges Change Management zu betreiben, wurde die Telekom in drei Bereiche aufgeteilt:

- T-Com: zuständig für die Festnetzsparte
- T-Mobile: zuständig für den Bereich Mobilfunk
- T-Systems: zuständig für IT-Lösungen und Beratungen

Fehlende Vision

Das Ergebnis: Die Bereiche konkurrierten untereinander, und das auf dem Rücken des Kunden. Es gibt zwar die einheitliche Magenta-Farbe und ein einheitliches Logo, aber das ist dann auch schon alles, was man über die Corporate Identity sagen kann. Kein Wunder also, dass es inhaltlich keine klare Ausrichtung gibt, also auch keine klare Vision. Den Mitarbeitern fehlt daher jegliche Orientierung. Was zur Folge hat, dass sie mehr mit sich selbst beschäftigt sind als mit dem Kunden.

Der Vorstand gab 2007 bekannt, dass er 50.000 Mitarbeiter in eine Servicegesellschaft auslagern will. Konkret bedeutet das: Die Mitarbeiter haben 6,5 Prozent weniger Geld im Portemonnaie und müssen nun 38 Stunden in der Woche arbeiten. Dafür sollen sie nun auch noch besseren Kundenservice bieten. Wie verrückt ist diese Welt? Im August 2008 dann der nächste Schlag: Viele Call-Center (Kundenservice-Center) sollen geschlossen werden, weil sie nicht rentabel sind.

Umfeld muss stimmen

Wir lernen daraus:

- Mitarbeiter brauchen klare Ziele und Vorgaben.
- Je unklarer die Vision des Unternehmens ist, desto weniger weiß der Mitarbeiter, was er tun soll. Er beschäftigt sich dann mehr mit seinen eigenen Problemen als mit denen des Kunden.
- Für gute Beziehungen zwischen Unternehmen und Kunden ist eine Unternehmensidentität Voraussetzung.

Was ist Kundenservice – und warum soll ich ihn überhaupt anbieten?

Koukou weiß nun:
Kundenservice ist eine organisatorische Einheit, die alle Kundenwünsche bearbeitet und entgegennimmt. Guter Kundenservice sichert die Existenz des Unternehmens. Allerdings muss auch das Umfeld stimmen (Image und Corporate Identity). Wichtig ist die Einrichtung eines Kundenservice-Centers.

Koukou fragt sich im Blog:
Ich habe verstanden, dass die Einrichtung eines Kundenservice-Centers alleine nicht ausreicht. Die Unternehmensidentität und das Image müssen ebenfalls beachtet werden, damit ein Unternehmen als Einheit wahrgenommen wird. Nun sind auch die Begriffe „Vision" und „klare Ziele" genannt worden. Gehört das denn auch dazu? Und wenn ja: Wieso benötigt ein Unternehmen eine Vision?

Wieso benötigt ein Unternehmen eine Vision?

Definition „Vision"

Eine Vision beschreibt einen idealen Zustand, der in der Zukunft liegt. Wenn sich das Unternehmen entschieden hat, einen Kundenservice über ein Service-Center anzubieten, besteht der nächste Schritt darin, eine Vision zu erarbeiten. Dabei sollte die Vision klar auf den Kunden fokussiert sein. Die Vision ist für jeden Mitarbeiter im Unternehmen bindend und stellt sicher, dass sie mit eindeutigen Zielvorgaben arbeiten können. Visionen verdichten sich oft in Leitsätzen – Beispiele sind:

- Wir verkaufen Qualität zu günstigen Preisen. (Ebay)
- Wir machen mobil. (Deutsche Bahn)
- Wir geben Ihrer Zukunft ein Zuhause. (Landesbausparkasse)
- Wir machen den Weg frei. (Volks- und Raiffeisenbanken)

Fragen zur Visions-Ausarbeitung

Alles Denken und Handeln muss an der Vision ausgerichtet werden. Der Weg zu einer Vision führt zunächst über folgende Fragen:

- Wer sind unsere externen Kunden?
- Was ist unsere Kernkompetenz, was ist unser Alleinstellungsmerkmal?

- Welches Marktsegment wollen wir abdecken?
- Welche Produkte wollen wir wie anbieten?
- Wer sind für uns interne Kunden?

Beispiel für Visions-Ausarbeitung

Aus der Beantwortung dieser Fragen lässt sich dann die Vision ableiten: Nehmen wir an, der Geschäftsführer eines Unternehmens, das Bügeleisen herstellt, hat die Aufgabe, die Unternehmensvision zu erstellen. Wie könnte die Vision aussehen? Der Geschäftsführer stellt sich die oben genannten Fragen – und da er sein Geschäft versteht, hat er auch die Antworten parat:

- Wer sind unsere externen Kunden?
  Alle Privatpersonen
- Welches Marktsegment wollen wir abdecken?
  Weiße Ware, Bügeleisen
- Welche Produkte wollen wir wie anbieten?
  Laufleichte Bügeleisen über Einzelhandel
- Was sind unsere Kernkompetenz und Alleinstellungsmerkmale?
  Unsere Bügeleisen schalten sich automatisch aus, wenn das Bügeleisen länger als 10 Sekunden auf der Textilie liegt
- Wer sind für uns interne Kunden?
  Unsere Mitarbeiter sollen und dürfen die Produkte testen

Daraus kann der Geschäftsführer folgende Vision formulieren:

Beispiel

Dank unserer Produkte kann keine Textilie mehr verbrennen. Die Laufleichtigkeit erleichtert dem Kunden das Bügeln.
Unsere Mitarbeiter sind unsere kritischsten Kunden. Sie testen die Bügeleisen, bevor sie auf den Markt kommen. Das sichert dem Kunden eine hohe Qualität.

Regionale Unterschiede beachten

Die nächste Überlegung ist, ob der Kundenservice in allen Ländern gleich sein soll oder ob die Vision an die jeweiligen Märkte angepasst werden muss. Natürlich sollte erst das Unternehmen die Entscheidung treffen, ob es sich auf den Heimatmarkt konzentriert oder international die Produkte und Dienstleistungen anbieten will. Die nächste Frage lautet daher: Agiert das Unternehmen global? Wenn ja: Gibt es mehrere Standorte oder wird alles von der Zentrale aus gesteuert?

Dezentraler Kundenservice

Wenn ein Unternehmen global agiert, wird die Konzentration auf die jeweiligen Märkte immer wichtiger:

- Ein Chinese hat andere Bedürfnisse als ein Inder.
- Ein Deutscher legt auf andere Dinge wert als ein Italiener.
- Das heißt, zentraler Kundenservice ist fatal. Kunden sollten in ihrem Heimatland betreut werden. Auf jeden Fall sollte der Gesprächspartner ein Einheimischer sein. Denn nur ein Chinese weiß, welche spezifischen Bedürfnisse ein Chinese hat. Selbst wenn ein Deutscher viel über die Kultur der Chinesen weiß, ist es schwierig, sich in einen Chinesen hineinzuversetzen. Daher gilt: „*Think global, act local!!*"

Unternehmenskultur gestalten

Wenn die Vision komplett erstellt ist, ist es von zentraler Bedeutung, die Unternehmenskultur entsprechend zu gestalten. Der Grund: Die interne Kundenorientierung spiegelt die externe Serviceorientierung wider.

So wie intern mit Kollegen und Mitarbeitern umgegangen wird, so wird auch mit den externen Kunden und Dienstleistern umgegangen.

Ziele der Unternehmenskultur

Die Unternehmenskultur sollte ausstrahlen:

- Service- und Kundenorientierung wird durch das Top-Management von innen nach außen gelebt.
- Service- und Kundenorientierung muss jeder im Unternehmen praktizieren – deshalb sind alle Führungskräfte und Mitarbeiter einzubeziehen.
- Mitarbeiter müssen motiviert und begeistert sein und brauchen Entscheidungs- und Handlungsspielraum, um sich für den Kunden einzusetzen.
- Veränderungen der Kundenbedürfnisse müssen früh erkannt werden, um entsprechend reagieren zu können.
- Kundenzufriedenheit erfordert Qualität und Vortrefflichkeit im Detail.

Wieso benötigt ein Unternehmen eine Vision?

Koukou weiß nun:
Eine klare Vision beschreibt die Ziele des Unternehmens, die am Kunden orientiert sind. Alles Denken und Handeln wird auf den Kunden gerichtet.

Koukou fragt sich im Blog:
Die Vision dient also dazu, die Ziele des Unternehmens zu formulieren. Sie sollte am Kunden ausgerichtet sein, damit alle Mitarbeiter im Unternehmen mit klaren Zielvorgaben arbeiten. Aber muss ich dann meine Kunden nicht besser als mich kennen, um zu wissen, was sie wirklich brauchen? Darum lautet meine nächste Frage: Wer sind meine Kunden?

Wer sind meine Kunden?

Im nächsten Schritt geht es um die Kundensegmentierung. Hier untersucht das Unternehmen, welches Produkt für welchen Kunden angeboten werden soll.

Kundensegmentierung vornehmen

Grundsätzlich hat jeder Kunde Anspruch auf exzellenten Service. Doch dieser ist natürlich teuer. Also darf das wirtschaftliche Denken nicht außer Acht gelassen werden. Das Unternehmen muss sich über den Wert des einzelnen Kunden klar werden. Dazu gibt es verschiedene Bemessungsgrundlagen. In der Telekommunikation etwa wird der Wert des Kunden in *ARPU* gemessen. Das bedeutet: *Average revenue per usage.* Je höher der durchschnittliche Umsatz pro Monat ist, desto wertvoller ist der Kunde.

Bei der Lufthansa gibt es die folgende Kundensegmentierung:

MILES & MORE TEILNEHMER	FREQUENT TRAVELLER	SENATOR	HON CIRCLE MEMBER

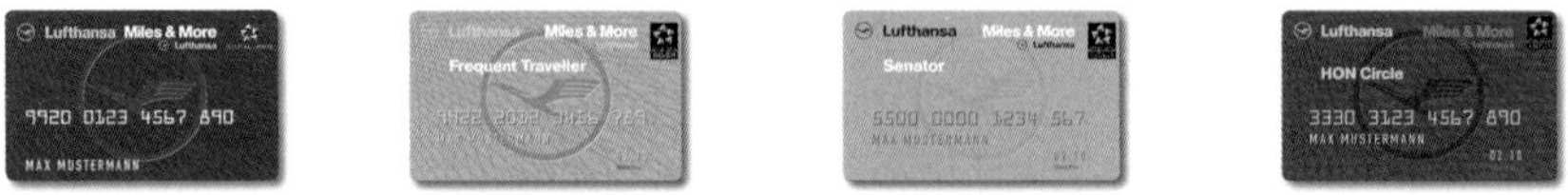

Erste Anmeldung ab einer Meile	ab 35.000 Statusmeilen im Kalenderjahr	ab 130.000 Statusmeilen im Kalenderjahr	ab 600.000 HON Circle Meilen in zwei Kalenderjahren

Abbildung 1: Kundenkarten

Kundengruppen differenzieren

Die Kundensegmentierung kann sich auch in der Struktur des Kundenservice-Centers widerspiegeln: Für folgende Kundengruppen kann ein Service-Center dem Kunden Betreuung anbieten:

- ABC-Klassifizierung nach Menge und/oder Umsatz
- VIPs (Meinungsbildner, Prominente etc.)
- Händler/Wiederverkäufer
- Großkunden
- Journalisten
- externe Dienstleister
- Vertriebsbetreuung (Betreuung interner Kunden)
- Mitarbeiterhotline (Betreuung interner Kunden)
- User Help Desk (Betreuung interner Kunden)

Kundenwert beachten

Wichtig ist immer, die Kunden genau zu kennen und zu wissen, was sie wirklich brauchen und was sie zu welchem Preis konsumieren.

Wer sind meine Kunden?

Koukou weiß nun:
Über Kundensegmentierung lerne ich meine Kunden kennen und kann individuell einen auf sie zugeschnittenen Kundenservice bieten.

Koukou fragt sich im Blog:
Jetzt weiß ich, dass Kundensegmentierung wichtig ist, um dem Kunden den Service zu bieten, den er braucht. Doch wie geht es weiter? Wie weiß ich denn, wann der Kunde das Unternehmen erreichen will und wie kann der Kunde an das Unternehmen herantreten?

Welche Service-Strategie biete ich welchen Kunden?

Das Unternehmen kennt nun den Kunden und seinen Wert. Da Service mit Kosten verbunden ist, ist es wichtig zu entscheiden,

Service-Strategien

- welcher Service
- welchem Kunden
- wann
- und in welchem Umfang angeboten werden soll.

In die Service-Strategie gehören folgende Elemente:

Service-Elemente

1. Erreichbarkeit für den Kunden

Erreichbarkeit

7 Tage die Woche / 24 Stunden / an 365 Tagen im Jahr – das ist natürlich die beste, aber auch die teuerste Variante, die allerdings für Unternehmen kostengünstig aufgeteilt werden kann. Zu bedenken ist: Schichtzulagen müssen von Montag bis Samstag für die Arbeitszeit von 22:00 bis 6:00 Uhr morgens sowie für Sonn- und Feiertage bezahlt werden.

Folgendes Modell wäre hier für Privatkunden möglich:

- Montag – Samstag 06:00 – 22:00 Unternehmen
- Montag – Samstag 22:00 – 06:00 externer Dienstleister
- Sonn- und Feiertage 00:00 – 24:00 externer Dienstleister

Bei Geschäftskunden ist denkbar:

- Montag – Samstag 07:00 – 22:00 Unternehmen
- Montag – Samstag 22:00 – 07:00 Rufbereitschaft
- Sonn- und Feiertage Rufbereitschaft

2. Möglichkeiten der Kontaktaufnahme über Medien

Kontaktaufnahme

Welche möglichen Medien und Kanäle will das Unternehmen dem Kunden zur Verfügung stellen?

- Telefon
- schriftlich (Briefpost, Fax)
- E-Mail / Chat
- persönlich (Walk-in)
- Fax
- sonstige Kanäle

3. Möglichkeiten der Kundenbetreuung per Telefon

Telefonische Betreuung

Wesentliche Entscheidungsgrundlage für die Auswahl der Telefonnummer ist die Art der Dienstleistung:

- Großkunden, Mittelstands- und Privatkunden
- Auftrags- und Bestellannahme
- Notfall- und Supportservice
- Reservierungsservice
- Akquisition
- Kundenrückgewinnung
- Kundenservice/Beschwerdehotline
- Informationshotline
- Onlinebanking
- Sonstige

Kosten berücksichtigen

Entscheidend ist zudem, die Kosten, die dem Kunden entstehen, für die telefonische Betreuung genau durchzurechnen – Tabelle 1 zeigt Beispiele. Je günstiger für den Kunden der Anruf ist, desto teurer ist es für das Unternehmen, das die Rufnummer anbietet. Nicht zu vergessen sind die Einrichtungskosten und die monatlichen Gebühren für die Bereitstellung.

Rufnummer	Kosten	Dienstleistung
0180 – 1	3,9 Cent pro Minute	Bestellhotline
0180 – 2	6 Cent pro Gespräch	Onlinebanking
0180 – 3	9 Cent pro Minute	Reservierung
0180 – 4	20 Cent pro Verbindung	Alternative zu 0180-2
0180 – 5	14 Cent pro Minute	EDV-Service
0137 - …	50 Cent pro Minute	Gewinnspiele
0800 - …	Für den Anrufer kostenlos	VIPs, Premiumkunden
Vanity-Nr.	s. Anmerkung 2	s. Anmerkung 2

Anmerkungen:

1. Kosten aus dem Netz der deutschen Telekom. Aus dem Mobilfunk können die Preise höher sein. Jeder Anbieter, der eine dieser Rufnummern offeriert, ist verpflichtet, die Preise zu nennen.
2. Bei einer Vanity-Rufnummer handelt es sich um eine Nummer, deren Ziffernfolge sich aus einzelnen Silben bildet. Die Vanity-Nummer 0800 - MERCEDES würde sich folgendermaßen ergeben: M = (Telefonziffer) 6, E = 3 usw. Die Nummernfolge lautet daher: 0800 – 63723337. Die Rufnummer kann in direktem Zusammenhang mit dem Firmen- oder Produktnamen stehen. Sie lässt sich zumeist gut merken und kann einen zusätzlichen Imagevorteil für das Unternehmen bedeuten.

Tabelle 1: Überblick über Anrufkosten verschaffen

Kontakt per E-Mail

Da der Kunde die Möglichkeit haben sollte, auch per E-Mail an das Unternehmen heranzutreten, sollten die Kontaktadressen so aussehen wie in Tabelle 2 dargestellt:

Mailadresse	Thema
info@	Interessenten
Rechnung@	Fragen zur Rechnung
Kundenservice@	Allgemeine Fragen
Kuendigung@	Kündigungen

Tabelle 2: Kontaktadressen einrichten

Alle Unternehmensbereiche einbeziehen

Natürlich handelt es sich um Beispiele, die individuell nach Unternehmen, Dienstleistung und Produkt ausgewählt und angepasst werden müssen. Wichtig jedoch ist immer, dass alle Unternehmensbereiche bei der Auswahl und Veröffentlichung der Kontaktkanäle einbezogen werden. Marketing und Produktentwicklung kreieren das Produkt zusammen und stimmen die Vermarktung mit dem Vertrieb und dem Kundenservice ab. Der Bereich Finanzen verbucht später die Rechnungen und ist damit auch eine Schnittstelle, die bezüglich der Kontaktkanäle berücksichtigt werden sollten.

Welche Service-Strategie biete ich welchen Kunden?

Koukou weiß nun:

Die Service-Strategie wird individuell auf die Kundengruppe zugeschnitten. Dabei sollten der Kundenwert und die Kosten in ein Verhältnis gesetzt werden.

Koukou fragt sich im Blog:

Ich habe mich entschieden, Kundenservice anzubieten, meine Kunden segmentiert und danach meine Service-Strategie erstellt. Aber wie organisiere ich das Ganze nun?

2. Fragen zur Organisation des Kundenservice

In diesem Kapitel wird eine klassische Kundenservice-Organisation beschrieben. Die Themen Qualität und Prozesse werden ebenso behandelt wie die Frage, wie die Qualität der Prozesse, ja wie Kundenservice insgesamt gemessen werden kann.

Wie ist ein Kundenservice-Center organisiert?

Klassische Service-Organisation

Die klassische Service-Organisation mit ihren Aufgaben innerhalb eines Unternehmensverbundes ist in der Regel in jedem Unternehmen gleich, ob es sich nun um Telekommunikationsunternehmen, Energieversorger, Versicherungen, Banken oder andere Dienstleistungsbetriebe handelt. In fast jeder Branche gibt es im Kundenservice-Center die folgenden Organisationseinheiten:

- Interessentenbearbeitung
- Auftragsbearbeitung
- Kundenbetreuung
- Fulfillment

Was bei der Interessentenbearbeitung (Leadmanagement) geschehen sollte

Leadmanagement

Der Kunde wird auf das Produkt aufmerksam und nimmt Kontakt mit dem Unternehmen auf – und erlebt vielleicht Ähnliches wie Koukou:

Koukous Erlebnisblog

Koukou benötigt eine neue Bankverbindung und ist durch die Fernsehwerbung auf die IngDiba-Bank aufmerksam geworden. Sie ist von der Reklame im Fernsehen beeindruckt und surft im Internet. Auch der Internetauftritt spricht sie an, und die Telefonnummer 0180 2 ....

(Kosten: 6 Cent pro Anruf, also gleich, wie lange der Anruf dauert) findet sie auf Anhieb. Also ruft sie dort an. Sie interessiert sich für die Konditionen bei der Einrichtung eines Girokontos. Die Mitarbeiterin informiert Koukou ausführlich am Telefon. Nachdem die Adressdaten aufgenommen sind, schickt die Bank Koukou Informationsmaterial und einen Antrag auf Eröffnung eines Girokontos zu.
Da Koukou sich nach 14 Tagen noch nicht bei der Bank gemeldet hat, ruft eine Mitarbeiterin der IngDiba-Bank bei ihr an und fragt nach, ob die Unterlagen bei ihr angekommen sind und ob sie schon die Zeit hatte, sich das interessante Angebot anzuschauen. Koukou ist angenehm überrascht über den guten Service der Bank, entscheidet sich für eine Kontoeröffnung und schickt den Vertrag ausgefüllt zurück.

Kontaktaufnahme

Es gibt zahlreiche Branchen, in denen der Interessent mit einem Unternehmen Kontakt aufnehmen kann:

- Telekommunikation: Interesse am Abschluss eines Mobilfunkvertrages
- Energieversorger: Umzug in eine neue Stadt, Anmeldung beim Versorger
- Versicherungen: Kauf eines Autos, Abschluss einer Kfz-Versicherung
- Banken: Eröffnung eines Girokontos

Kunde als Interessent

Immer gilt: Am Anfang ist der Kunde zunächst Interessent. Er ist durch die Werbung aufmerksam geworden und erhält oft eine kostenlose Rufnummer, bei der er sich über das Produkt informieren kann. Entweder wird ihm eine Broschüre mit Vertrag zugesandt oder – wie etwa bei Versicherungen oft üblich – ein Vertreter kommt zum Kunden nach Hause und unterstützt ihn beim Ausfüllen des Vertrages.

Inbound – Outbound

Der Bereich „Interessentenbearbeitung“ ist aufgeteilt in „Inbound“ und „Outbound“. Das heißt, die Kunden können anrufen und sich informieren, oder aber der Kunde ist bereits Kunde und wird mit einem Anruf über neue Produkte informiert. Oft ist diese Einheit aber nicht der Kundenbetreuung zugeordnet, sondern im Vertrieb angesiedelt. Unter dem Gesichtspunkt „one face to the customer“ ist dies jedoch nicht sinnvoll.

Wenn der Kunde einen ausgefüllten Antrag zurücksendet, wird dieser Antrag im Bereich „Auftragsbearbeitung" bearbeitet.

Was bei der Auftragsbearbeitung (Order Entry) geschehen sollte

Aufträge sachgemäß bearbeiten

Der Vertrag wird im System des jeweiligen Unternehmens erfasst. Es erfolgt eine Bonitätsprüfung – bei Privatkunden zum Beispiel bei der Schufa, bei Firmenkunden bei der Creditreform. Nimmt das Unternehmen den Vertrag zur Lieferung einer Leistung an, wird dem Kunden eine Bestätigung geschickt. Schließlich erhält der das Produkt oder die Dienstleistung. Wenn mit dem Produkt etwas nicht in Ordnung ist oder es berechtigte Reklamationen gibt, stehen dem Kunden verschiedene Möglichkeiten, also Kanäle, offen, an das Unternehmen heranzutreten:

- per Telefon
- per Fax
- per E-Mail
- per Post (die Reaktion dauert dann aber mindestens 6 Tage: 2 Tage für den Postweg, 2 Tage für Recherche, noch einmal 2 Tage für Postweg zurück)

Was bei der Kundenbetreuung (Customer Care) geschehen sollte

Die Organisationseinheit „Customer Care" teilt sich auf in

- telefonische Kundenbetreuung: Beantwortung der telefonischen Anfragen (Frontoffice)
- schriftliche Kundenbetreuung: Beantwortung von E-Mails und Briefen (Backoffice)

Die Arbeit im Frontoffice

Im Frontoffice kommen alle Telefonate an. In diesem Bereich ist für die Mitarbeiter der Stressfaktor am höchsten. Denn die Mitarbeiter wissen nicht, wann der Kunde anruft und aus welchem Grund. Es ist daher schwer einzuschätzen, wie lange ein Gespräch dauert.

Tätigkeiten im Frontoffice

Das bedeutet: Jedes Unternehmen hat unterschiedliche Produkte. Es gibt Produkte, die einfach zu erklären sind (etwa Bestellung aus dem Katalog per Telefon). Andere Produkte hingegen sind sehr beratungsintensiv (zum Beispiel Verkauf von Investmentfonds am

Telefon). Es ist daher notwendig, vorher so genau wie möglich zu spezifizieren, was der Kunde alles fragen könnte und wie lange das Gespräch dauern könnte. Nach der Festlegung der Gesprächszeit wird noch die Nachbearbeitungszeit dazugerechnet. Die Nachbearbeitungszeit ist die Zeit, die der Mitarbeiter braucht, um entweder die restlichen Daten des Kunden einzugeben oder für den Kunden Recherchen anzustellen. Dazu zwei Beispiele:

Beispiel

Beispiel 1: Der Kunde möchte gerne am Telefon zu Investmentfonds beraten werden. Der Mitarbeiter informiert ihn über die verschiedenen Möglichkeiten. Die Kundendaten können bereits online am PC eingegeben werden. Der Kunde bittet um Zusendung von Informationsmaterial, das er noch für eine abschließende Entscheidung benötigt. Hat das Unternehmen nun ein gutes Customer-Care-System, klickt der Mitarbeiter während des Telefonats die gewünschten Unterlagen an, und das Fulfillment-Center versendet die Unterlagen automatisch. Da der Kunde am Telefon noch ausgiebig beraten werden möchte, findet eine Nachbearbeitung bei diesem Telefonat gar nicht statt. Dafür dauert das Gespräch vielleicht fünf bis sieben Minuten.

Beispiel

Beispiel 2: Der Kunde reklamiert eine Telefonrechnung. Der Mitarbeiter schaut im System nach und kann die Reklamation online nicht nachvollziehen. Der Mitarbeiter muss Recherche betreiben. Hier ist nun zu überlegen, wie lange die Recherche dauert. Ist nur ein Ausdruck der Verbindungsdaten notwendig? Oder kann der Mitarbeiter anhand der Verbindungsdaten online den Fehler erkennen? Dann dauert die Nachbearbeitung vielleicht nur drei bis vier Minuten. Der Mitarbeiter kann den Kunden zurückrufen und informieren. Ist der Fehler nicht nachvollziehbar, muss der Mitarbeiter den Fehler entweder an die Technik oder aber auch an die Buchhaltung weitergeben. Hier hat dann die Nachbearbeitung zwar vielleicht auch drei bis vier Minuten gedauert, aber die Reklamation konnte nicht abschließend bearbeitet werden.

Die Arbeit im Backoffice

Schriftliche Auftragsbearbeitung

Anfragen und Reklamationen können auch schriftlich an das Unternehmen herangetragen werden. Allerdings ist hierbei der Druck nicht so hoch, da Schriftliches sequentiell abgearbeitet werden kann. Wenn die Anfrage aber nicht auf dem Postweg, sondern per E-Mail und Fax erfolgt, erwartet der Kunde, dass sie zügig bearbeitet wird. Folgende Faustformeln haben sich in der Praxis bewährt:

- Alle E-Mails werden innerhalb von 24 Stunden beantwortet.
- Alle Faxe werden innerhalb von 24 Stunden beantwortet.
- Alle Briefe werden innerhalb von zwei Tagen beantwortet.

Tätigkeiten im Backoffice

Im Backoffice werden außerdem alle Dokumente eingelesen und im Dokumentenverwaltungssystem zugeordnet. In kleinen Kundenservice-Centern übernimmt das Backoffice oft auch die Second Level-Funktion. Dann recherchiert das Backoffice und gibt die Rückmeldung an das Frontoffice weiter.

Die Bearbeitungs-Level

Je nach Produktangebot ist ein First, Second und Third Level notwendig. In einem Kundenservice-Center, das eine EDV-Hotline betreibt, beantwortet das Frontoffice im First Level 80 Prozent aller Anfragen. Geht es in die Tiefe, wird das Telefonat im Frontoffice in das Second Level weitergereicht. Dort sind Spezialisten, die sich auf dem betreffenden Gebiet exzellent auskennen.

Beispiel

Der Kunde surft auf einer Internet-Seite und möchte gerne das Antragsformular ausfüllen. Da ihm noch Informationen für das vollständige Ausfüllen fehlen, ruft er die Hotline an. Die Mitarbeiter im Frontoffice, First Level, können hier sehr schnell und kompetent Auskunft geben und den Anruf abschließend bearbeiten.
Der nächste Kunde hat Probleme bei der Installation seiner Internet-Software. Er ruft die Hotline ein. Der Mitarbeiter im Frontoffice, First Level, versucht, das Kundenanliegen zu lösen, merkt aber ganz schnell, dass er nicht weiterkommt. Der Mitarbeiter stellt den Kunden nun auf dem Second Level zu einem Spezialisten durch.

Aufbau des Centers

Wie ein Kundenservice-Center aufgebaut werden sollte, hängt im Wesentlichen von dem Unternehmen und den Produkten ab:

- Bei leicht erklärbaren Produkten auf dem B2C-Markt reicht in der Regel das First Level aus (B2C = Business to Consumer, Privatkunden).
- Bei der umfangreichen Beratung auf dem B2B-Markt ist eine Bearbeitung auf dem First Level oder dem Second Level erforderlich (B2B = Business to Business, Geschäftskunden).

Die gute alte Poststelle

Was im Fulfillment geschehen sollte

Die Aufgabe von Fulfillment ist das Ausdrucken von Briefen. Den Briefen werden dann das Informationsmaterial, die Broschüren und das sonstige Material zugeordnet. Große Fulfillment-Center haben riesige Verpackungsstraßen. Dort wird fast nichts mehr manuell „eingetütet". Gerade wenn Werbekampagnen gestartet und alle Kunden eines Unternehmens angeschrieben werden sollen, ist ein Fulfillment unabdingbar.

Fulfillment-Center

Massensendungen sollten immer über ein Fulfillment gesteuert werden. Auch hier stellt sich wieder die Frage, ob das Fulfillment-Center im Hause aufgebaut oder ausgelagert werden soll. Die Entscheidung ist in der Regel von den Kosten abhängig. Trifft das Unternehmen die Entscheidung, das Fulfillment im Hause durchzuführen, dann ist es dem Kundenservice-Center angegliedert. Abbildung 2 zeigt eine beispielhafte Organisationsstruktur.

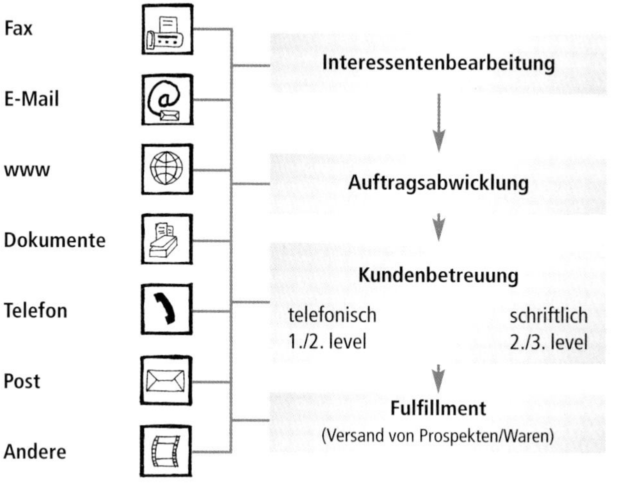

Abbildung 2: Organisationsstruktur

Eigenständige Organisationsform

Ein Kundenservice-Center ist eine eigenständige Organisationsform und sollte auch als solche betrachtet werden. Sie steht dann gleichberechtigt mit den anderen Unternehmensbereichen auf einer Ebene – dies zeigt Abbildung 3.

Abbildung 3: Gleichberechtigte Unternehmensbereiche

Eigenständigkeit betonen

Das Kundenservice-Center ist das Eintrittsportal in das Unternehmen. Jeder Außenkontakt landet zuerst dort. Hier wird der Kontakt gefiltert, analysiert und entweder bearbeitet oder an den entsprechenden Bereich im Unternehmen weitergeleitet. Der Kunde nimmt meistens Kontakt zum Kundenservice-Center auf, wenn er sich über das Produkt, das Verhalten eines Mitarbeiters oder sogar über Abteilungen des Unternehmens beschweren will.

Wenn das Kundenservice-Center nicht auf der gleichen Ebene wie die anderen Bereiche des Unternehmens steht, ist es für die Führung des Kundenservice-Centers schwierig, Änderungen durchzusetzen.

Wie ist ein Kundenservice-Center organisiert?

Koukou weiß nun:

Das Kundenservice-Center befindet sich mit den anderen Unternehmensbereichen auf einer Ebene. Es besteht aus Interessentenbearbeitung, Auftragsbearbeitung, Kundenbetreuung und Fulfillment.

Koukou fragt sich im Blog:

Wenn das Kundenservice-Center auf der gleichen Ebene wie die anderen Unternehmensbereiche steht, dann muss es doch Prozesse geben, die die Aufgaben und Verantwortlichkeiten klar regeln, oder?

Warum braucht ein Kundenservice-Center Prozesse?

Unternehmensprozesse analysieren

Viele Beratungsgesellschaften gehen in die Unternehmen hinein und geben den Ratschlag, nur die Kernprozesse im Unternehmen zu behalten und die Unterstützungsprozesse auszulagern – als diejenigen Prozesse, die nicht zum Kerngeschäft gehören. Und irgendwann hat irgendwer entschieden, dass Kundenservice ein Unterstützungsprozess ist – und daher ausgelagert werden sollte.

Service als Kerngeschäft

Ob das die richtige Entscheidung ist, scheint fraglich. Denn wenn Unternehmen ihren Kundenservice, und damit ihre Kunden, an wildfremde Dienstleister auslagern, geben sie damit die komplette Verantwortung ab. Diese Dienstleister verfügen über alle Informationen über den Kunden und können entscheiden, welche davon sie weitergeben und welche nicht.

Besser ist: Der Kundenservice gehört zum Kerngeschäft eines Unternehmens.

Kundenorientierte Prozesse

Abbildung 4: Geschäftsprozess als kundenorientiertes Arbeitsverfahren

Kernprozesse

Kernprozesse bilden das eigentliche Geschäft der Unternehmung ab, mit denen sie gegenüber dem Kunden am Markt in Erscheinung tritt, Produkte bzw. Dienstleistungen produziert und den Umsatz generiert. Beispiele sind:

- Verkauf von Versicherungen
- Kfz-Reparatur durchführen
- Software herstellen
- Möbelstücke produzieren

Unterstützungsprozesse

Unterstützende Prozesse sind Service- oder Steuerungsprozesse, die Kernprozesse oder andere Serviceprozesse ermöglichen bzw. steuern, interne Kunden haben und nicht direkt Umsatz generieren:

- DV-Unterstützung bereitstellen
- fachliches Expertenwissen bereitstellen
- fachliche Vorgaben entwickeln
- Kennzahlen erzeugen

Abteilungsdenken vermeiden

Jeder Bereich hat seine eigenen Geschäftsvorfälle, die sich aber in der Ausführung durchaus mit anderen Bereichen berühren können. Ein reines Abteilungsdenken fördert den Tunnelblick und verhindert, dass über den Tellerrand hinausgeschaut wird. Daher ist es notwendig, von der traditionellen Sicht abzurücken und den Prozess selbst in den Vordergrund zu stellen.

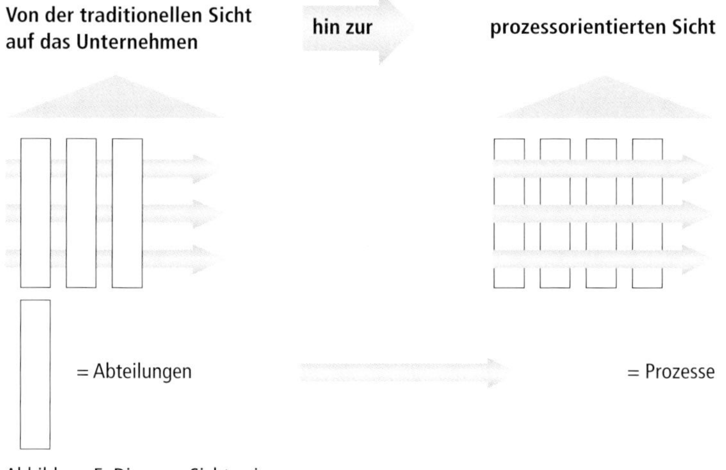

Abbildung 5: Die neue Sichtweise

Schnittstellen beachten

Wenn der Prozess auf den Kunden ausgerichtet ist, müssen alle miteinander reden und sich abstimmen sowie Service-Levels vereinbaren. Die Abbildung 6 zeigt , welche Schnittstellen ein Kundenservice-Center mit anderen Unternehmensbereichen aufweist.

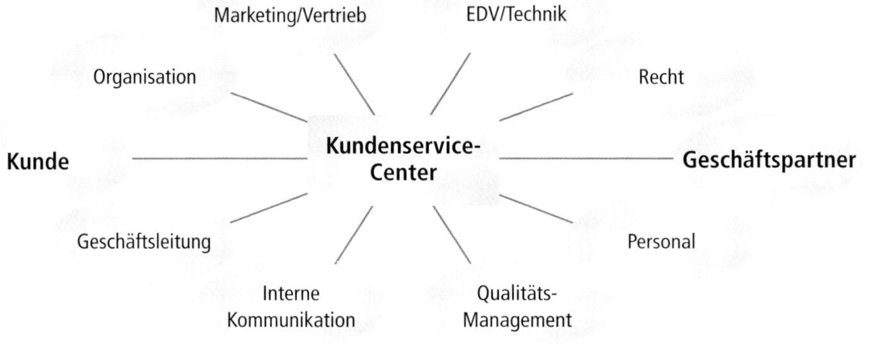

Abbildung 6: Das Kundenservice-Center und die anderen Unternehmensbereiche

Service Level Agreements (SLAs)

Konkrete Vereinbarungen zwischen den Unternehmensbereichen

Alle Unternehmensbereiche – wie Marketing, Finanzen, Vertrieb, IT, Produktion etc. – müssen klare Vereinbarungen miteinander treffen. Diese Vereinbarungen sind die sogenannten Service Level Agreements (SLAs). Die SLAs werden von den Unternehmensbereichen gemeinsam festgelegt. Wenn die Vereinbarungen nicht eingehalten werden, sind Sanktionen auf verschiedenen Eskalationsstufen notwendig.

Beispiel

Das Marketing möchte einen TV-Spot senden. In diesem Spot wird eine Telefonnummer eingeblendet. Der Zuschauer wird aufgefordert, Informationen über diese Telefonnummer anzufordern.

- *Das Marketing legt fest, dass die Rufnummer vier Wochen vor dem Start des TV-Spots von der IT zur Verfügung gestellt wird.*
- *Die Kundenbetreuung legt fest, dass zwei Wochen vorher bekannt ist, an welchen Tagen zu welchen Uhrzeiten dieser TV-Spot gesendet wird (dient zur Erstellung des Forecast).*

SLA-Beispiele

Diese Anforderungen werden in einer Vereinbarung niedergeschrieben – zusammen mit den Sanktionen, falls die SLAs nicht eingehalten werden. Tabelle 3 zeigt einige Beispiele:

Bereich	Thema	Anforderungen
Fulfillment	Versand von Briefen/Paketen	■ Briefe/Pakete, die vor 16:00 Uhr in Auftrag gegeben wurden, werden noch am gleichen Tag versandt. ■ Briefe/Pakete, die nach 16:00 Uhr in Auftrag gegeben wurden, werden am folgenden Arbeitstag versandt.
Second Level	Rückmeldung von Informationen	■ Second Level gibt dem Front-/Backoffice innerhalb von einem Tag Rückmeldung (wobei Rückmeldung nicht gleichbedeutend mit Lösung sein muss).
Marketing	Schulung	■ Zwei Wochen vor Produkteinführung werden der Kundenservice und der Vertrieb entsprechend geschult.

Tabelle 3: Beispiele für die Festlegung von SLAs

SLAs und Prozesse

Grundlage für die SLAs sind die Prozesse im Unternehmen – und das heißt: SLAs

- sind durch die Geschäftsprozesse vorgegeben, werden jedoch vorher mit den relevanten Bereichen und Personen vereinbart und sind interne Leistungsvereinbarungen.
- müssen in der gesamten Organisation verstanden, akzeptiert und gelebt werden.
- müssen quantitativ und qualitativ messbar sein.
- definieren die Dienstleistungsqualität, die das Kundenservice-Center erbringen will.
- sind ein wesentlicher Faktor für den betriebswirtschaftlich sinnvollen und erfolgreichen Betrieb der Organisation.

Vereinbarungen auf verschiedenen Level

Die Vereinbarungen sind auf verschiedenen Level möglich – die Abbildung 7 zeigt dazu ein Beispiel:

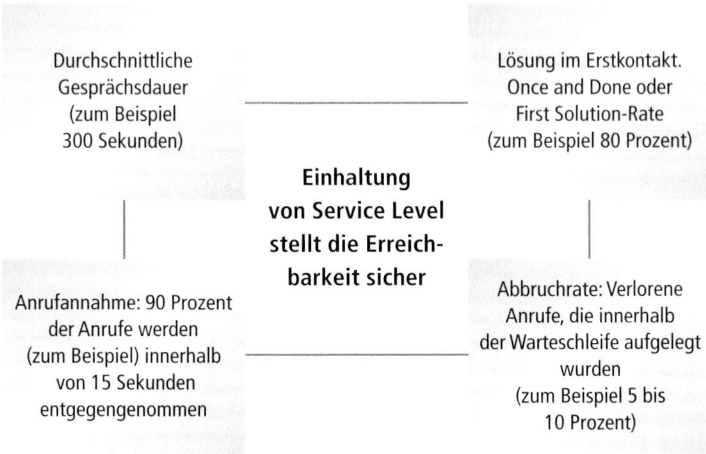

Abbildung 7: Typische Service Level

Organisationshandbuch erstellen

Wenn die Fragen

- Wer ist der Kunde?
- Welche Ergebnisse erwartet der Kunde?
- Was erwartet der Kunde von dem Ergebnis?
- Was erwartet das Unternehmen von dem Ergebnis?
- Welche Zwischenergebnisse sind unverzichtbar?

beantwortet wurden, können die Prozesse entsprechend erstellt und dokumentiert werden. Diese sind in einem Organisationshandbuch zusammengefasst. Jeder Mitarbeiter hat Zugriff auf das Organisationshandbuch und findet dort folgende Informationen:

- Organisationsstruktur des Unternehmens
- Rollen und Verantwortlichkeiten
- Prozessliste
- Verantwortlichkeiten für die jeweiligen Prozesse
- Arbeitsanweisungen und Arbeitsanleitungen
- Dokumentationsrichtlinien
- Glossar

SLA zwischen Service und Marketing

Zur Verdeutlichung zeigt Tabelle 4 ein weiteres Beispiel für einen SLA, dieses Mal zwischen Kundenservice und Marketing.

Logo		**Service-Level-Agreement zwischen Kundenservice und Marketing**
		Erstellt von: Erstellt am:
Thema:		**Service-Level-Agreement zwischen Kundenservice und Marketing**
SLA	**Thema**	**Inhalt**
1	Grund-verständnis	▪ Es werden zwischen Marketing und Kundenservice Vereinbarungen zur verbindlichen Zusammenarbeit getroffen. Diese Vereinbarungen (SLA) sollen helfen, die Kapazitätsplanung im Kundenservice frühzeitig den Gegebenheiten anzupassen. ▪ Diese SLAs müssen ständig überprüft und, wenn notwendig, angepasst werden.
2	Leistungs-umfang	▪ Marketing informiert den Kundenservice 14 Tage vor Einführung neuer Produkte. ▪ Marketing erarbeitet gemeinsam mit dem Kundenservice eine Nutzen-argumentation und stellt die an Kunden zu verschickenden Unterlagen 14 Tage vor Einführung zur Verfügung. ▪ Marketing schult den Kundenservice 14 Tage vor Einführung der Produkte. ▪ Am Anfang jeden Quartals informiert Marketing den Kundenservice über geplante Werbeaktivitäten (Mediaplan).
3	Erreich-barkeit	▪ Der Kundenservice stellt sicher, dass bei Medienkampagnen (TV, Print, Radio, Prospekte) entsprechend Kapazität aufgebaut wird. ▪ Der Kundenservice ist in der Werbezeit/Sendezeit 24 Stunden für Rück-fragen erreichbar.
4	Werkzeug	▪ Interessentenanfragen werden in einem Vertriebstool erfasst. ▪ Kundenservice und Marketing haben gleichermaßen Zugriff auf dieses System.
5	Reaktions-zeit	▪ Die Reaktionszeit (Telefonannahme) und der daraus resultierende Prospektversand erfolgen innerhalb einer halben Stunde, bei Anfragen vor 17:00 Uhr. Anfragen, die nach 17:00 eingehen, werden sofort am nächsten Tag bei Öffnung des Service-Centers versandt.
6	Eskalation	▪ Werden die vereinbarten Reaktionszeiten überschritten, werden folgende Personen informiert: Teamleiter, Kundenservice-Center-Leiter.
7	Prozess	▪ Prozess: Interessentenbearbeitung.

Tabelle 4: Beispiel für einen SLA zwischen Marketing und Kundenservice

Beispiel „Beschwerde“

Oft wundern sich Kunden, warum ein Unternehmen keine klare Aussage zu einem Wunsch oder einer Reklamation treffen kann. Das ist ein Hinweis darauf, dass das Unternehmen die Prozesse angelehnt an Abteilung oder Bereich erstellt hat – und nicht bezogen auf den Geschäftsvorfall.

Koukous Erlebnisblog

Koukou hat ihren Wohnsitz in Stuttgart. Sie ist angestellt bei einer Maschinenbaufirma. Ihre Firma schickt sie für ein Jahr nach Hamburg. Koukou nimmt sich ein kleines Apartment in einem Hotel. Sie gibt per Internet die Weiterleitung ihrer Post von Stuttgart nach Hamburg in Auftrag, weil sie nicht jedes Wochenende nach Stuttgart reisen kann. Anfangs läuft es noch ganz gut. Doch dann häufen sich die Anfragen von unterschiedlichen Versendern, ob Koukou verzogen sei. Die Post komme mit dem Aufdruck „unbekannt verzogen“ zurück, heißt es.
Koukou begibt sich auf Recherche und fragt zuerst beim zuständigen Postamt in Hamburg nach. Dort teilt man ihr mit, die Post komme gar nicht erst bei ihnen an.
– Anmerkung: Woher wissen die das eigentlich? –
Sie soll bei einer Hotline – Nr. 01805…(12 Cent die Minute) – anrufen. Gesagt, getan. Die freundliche Dame am Telefon nimmt ihre Beschwerde auf. Sie gibt keinerlei Auskunft darüber, wann sie sich darum kümmert, geschweige denn, ob und wann eine Rückmeldung erfolgt.
Im Oktober wird Koukou wieder von einem Versender kontaktiert. Die Post sei wieder mit dem Vermerk „unbekannt verzogen“ zurückgekommen. Nun fragt sie bei ihrem Postamt in Stuttgart höchstpersönlich nach. Nachdem sie zehn Minuten in der Warteschlange verbracht hat, teilt ihr der Postbeamte mit, er sei für Beschwerden nicht zuständig. Am Ausgang wäre aber ein „Sorgentelefon“. Da könne Koukou ihre Beschwerde loswerden. Koukou benutzt das „Sorgentelefon“. Eine wiederum nette Dame teilt ihr mit, sie könne im Computer sehen, dass sie sich bereits im August beschwert hat. Sie wären im Unternehmen davon ausgegangen, dass jetzt alles in Ordnung sei, weil sie sich ja nicht wieder gemeldet hätte.
Ihr wird gesagt, man kümmere sich, sie solle wieder auf das Unternehmen zugehen und sich demnächst nach dem Stand der Dinge erkundigen.

Analyse des Beschwerdefalls

Was lief bei diesem Beschwerdeprozess falsch? Erste Antwort: Einiges, ja fast alles. Zum einen: Beide Schalterbeamten haben sich der Beschwerde nicht angenommen. Wahrscheinlich hatten sie gar keinen Zugriff auf das Beschwerdesystem. Dass der Beschwerdeprozess zentral gesteuert wird, ist zunächst einmal gut. Dass der Kunde seine Beschwerde aber nicht beim zuständigen Postmitarbeiter anbringen kann, ist nicht gerade von Vorteil für den Kunden. Denn so muss er die Arbeit des Unternehmens übernehmen. Das heißt, die Prozessarbeit wird auf den Kunden abgewälzt. Was nutzt eine Beschwerdehotline, wenn dann nichts passiert?

Idealerweise hat jeder Mitarbeiter des Unternehmens, der Kundenkontakt hat, Zugriff auf das Kundeninformationssystem. Oder er weiß zumindest, an wen die Beschwerde weitergeleitet werden muss.

Zugriff auf Kundeninformationssystem

Besser ist es, wenn der Beschwerdeprozess so abläuft:

1. Der Schaltermitarbeiter nimmt die Beschwerde entgegen. Er sieht im Computer nach, dass es bereits eine Beschwerde gab.
2. Der Beschwerdeprozess wird sauber aufgesetzt: Die Mitarbeiter sind gut geschult, fragen aktiv nach, fassen das Gespräch zusammen, geben Mitteilung über das weitere Vorgehen und teilen das Ergebnis bzw. den Zwischenstand mit.
3. Im System wird eingetragen, was bisher unternommen wurde, um das Problem zu lösen.

Kommunikationswege definieren

Wichtig ist überdies, die Kommunikation innerhalb des Unternehmens und zum Kunden zu definieren: Nach dem Eingang der Beschwerde übernimmt das Unternehmen das Management der Beschwerde (aktives Beschwerdemanagement). Das Unternehmen verfügt über ein Beschwerdemanagementsystem, das beim Abspeichern der Beschwerde automatisch eine Vorgangsnummer erzeugt. Diese Vorgangsnummer wird dem Kunden mitgeteilt.

Kundenschnittstellen optimieren

Dem Kunden werden schließlich gezielt Eingangsbestätigungen, Zwischenbescheide und abschließende Antworten gegeben. Er hat jederzeit die Möglichkeit, sich an das Unternehmen zu wenden und nach dem Stand seiner Beschwerde zu erkundigen. Jeder Mitarbeiter, der an der Kundenschnittstelle sitzt, kann dem Kunden den aktuellen Bearbeitungsstand mitteilen. Die Mitarbeiter können den Kunden darum auch sofort an die zuständige Abteilung weitervermitteln.

Wenn die Prozesse und die SLAs nicht gut abgestimmt und festgeschrieben sind, kann eine Beschwerde, wie in dem gezeigten Beispiel, für einen Kunden zur Odyssee werden. Es geht aber auch anders – das zeigt das folgende Erlebnis von Koukou.

Koukous Erlebnisblog

Koukou muss ins Krankenhaus. Da es von Stuttgart nach Freiburg nicht so weit ist, hat sie sich entschieden, in die Uniklinik Freiburg zu gehen. Dort angekommen, wird sie wie in einem Hotel empfangen und auf ihr Zimmer gebracht. Selbst während des Aufenthaltes wird sie äußerst zuvorkommend betreut. So kann Koukou wie in einem Restaurant Essen bestellen – und dieses wird ihr fachgerecht serviert. Auch zwischendurch ist für das leibliche Wohl bestens gesorgt. Das Personal stellt Tee, Kaffee und kalte Getränke bereit. Zusatzwünsche nach Zeitungen, Blumen etc. erfüllt es liebevoll und schnell.

Koukou ist nun neugierig und fragt ihren Arzt, warum in diesem Krankenhaus alle so nett und zuvorkommend sind. Seine Antwort: „Wir haben die Prozesse analysiert und dann festgestellt, dass der Betrieb in einem Hotel und einem Krankenhaus recht viele Gemeinsamkeiten aufweist. Wir möchten neben der medizinisch-pflegerischen Versorgung Maßstäbe im Bereich der Servicequalität setzen. Ziel ist es, die Patientenzufriedenheit zu erhöhen.“ (Quelle: http://www.uniklinik-freiburg.de/onlinemagazin/live/aktuelles/service_de.html)

So können die Pflegekräfte sich jetzt mehr um die medizinisch-pflegerischen Aspekte ihrer Arbeit kümmern und sind von den Servicetätigkeiten entlastet. „Jeder macht jetzt das, was er am besten kann“.

Koukou steht also immer im Vordergrund. Das Krankenhaus hat die Prozesse analysiert und festgestellt, dass die Aufgaben unterteilt werden können – nämlich in Pflegekräfte und Servicekräfte.

Warum braucht ein Kundenservice-Center Prozesse?

Koukou weiß nun:
Prozesse sind wichtig, damit die Erwartungen und Qualitätsansprüche des Kunden reibungslos erfüllt werden können. Die Prozesse sind am Kunden ausgerichtet.

Koukou fragt sich im Blog:
Wer kontrolliert denn, ob die Erwartungen und vor allem die Qualitätsansprüche erfüllt werden? Meine Frage: Wie wichtig ist Qualität und wie stelle ich sie sicher?

Wie wichtig ist Qualität und wie stelle ich sie sicher?

Was ist Qualität?

Qualität ist die Gesamtheit von Eigenschaften und Merkmalen eines Produktes oder einer Tätigkeit, die sich auf deren Eignung zur Erfüllung gegebener Erfordernisse bezieht.

Kunde bestimmt Qualität

Welche Qualität ein Produkt oder eine Leistung hat, bestimmt letztendlich der Kunde, und zwar, indem er:

- dem Unternehmen treu bleibt,
- das Produkt oder die Dienstleistung weiterempfiehlt oder
- für das Unternehmen kostenlos Werbung betreibt, etwa durch Mund-zu-Mund-Propaganda.

Der Fortbestand eines Unternehmens wird mithin gesichert durch:

- eine perfekte Qualität bei den angebotenen Produkten und Dienstleistungen,
- eine exzellente Servicequalität über alle Phasen des Kundenkontaktes und
- eine erstklassige Beziehungsqualität.

Kundenbindung

Ziel eines jeden Unternehmens muss es daher sein, seinen Kunden langfristig zu binden. Leider gelingt dies nicht jedem Unternehmen. Fakt ist allerdings: Es ist um ein Vielfaches teurer, einen Kunden zu gewinnen, als ihn zu halten.

Bedeutung der Kundenfreundlichkeit

Die meisten Unternehmen investieren eine beachtliche Menge Geld in Werbung und Vertrieb. Nur was nutzt es, wenn der Verkäufer freundlich und kompetent ist, der Kunde jedoch bei einer telefonischen Rückfrage auf eine unfreundliche Telefonzentrale stößt? Oder teure TV-Werbung geschaltet wird und die eingeblendete Rufnummer ständig besetzt ist? Oder teure Bonusprogramme aufgelegt werden, die bei der Einlösung der Punkte oder Meilen eher den Kunden vergraulen als ihn binden?

Studien haben ergeben, dass die Dunkelziffer der dann doch noch vergrätzten Kunden sehr hoch ist. Und es gibt überdies viele Kunden, die, nachdem sie den Vertrag unterschrieben haben, am liebsten gleich wieder kündigen möchten, weil etwa die Rechnung nicht stimmt oder es bei einer Reklamation keinen Ersatz gibt. Und oft investieren die Untenehmen lieber viel Geld und Zeit, um dem Kunden zu erklären, was nicht geht, anstatt kulant zu reagieren und damit den Kunden langfristig zu binden.

Ein Beispiel für fehlenden Kundenservice

Kundenbindungsprogramme: Nachteile

Ein mögliches Kundenbindungsprogramm besteht in einem Bonusprogramm. Koukou hat am eigenen Leib erlebt, wie ein Kundenbindungsprogramm den Kunden eher vergraulen kann, als ihn ans Unternehmen zu binden.

Beispiel

Die Bahn hat für den Kunden ein verwirrendes Bonus-Programm aufgelegt. Es gibt

- *bahn.bonus-Punkte und*
- *bahn.comfort-Punkte.*

Koukous Erlebnisblog

Koukou hat sich eine BahnCard first 50 für € 400,– gekauft. Das bedeutet, alle Fahrten in der ersten und zweiten Klasse sind für den halben Preis zu haben.

Koukou meldet sich im Internet für das Punkteprogramm an. Zu dem Zeitpunkt ist ihr als Kundin nicht klar, dass es einen Unterschied zwischen bahn.bonus und bahn.comfort gibt.

Fleißig nutzt sie die Bahn und sammelt beachtliche 2.633 Punkte. Sie ist sehr zufrieden mit der Bahncard und verlängert sie Anfang Oktober für ein weiteres Jahr. Zum Jahresende schickt ihr die Bahn eine Übersicht der bisher gesammelten Punkte zu. Es sind jetzt über 3.000 Punkte. Allerdings: Irritiert stellt Koukou fest, dass sie bei bahn.bonus keine Punkte hat, aber dafür bei bahn.comfort. Okay – dann halt Comfort-Kunde. Sie macht sich aber nicht so viele Gedanken deswegen und freut sich, dass sie aufgrund der hohen Punktzahl einen Anspruch auf eine Freifahrt in der 1. Klasse hat.

Schließlich möchte sie im Internet die Punkte einlösen. Das funktioniert jedoch nicht. Eine Fehlermeldung teilt ihr mit, dass sie am Fahrkartenschalter nachfragen soll. Gesagt, getan. Koukou fährt zum Bahnhof. Die Dame am Schalter erklärt ihr, sie habe nur 8 Punkte – und somit keinen Anspruch auf eine Freikarte.

Jetzt wird sie ärgerlich und will sich direkt am bahn-first-Schalter beschweren. Pustekuchen. Dort wird sie sofort mit den Worten abgewimmelt: „Dafür sind wir nicht zuständig, rufen Sie den Kundendialog (01805 / 194 195, 12 Cent die Minute) an.“ Gesagt, getan. Doch die Dame vom Kundendialog weist Koukou am Telefon darauf hin, das Ganze müsse schriftlich eingereicht werden.

Jetzt hat Koukou genug: Sie verfasst einen Brief an die Deutsche Bahn:

DB Personenverkehr GmbH
Kundendialog
Postfach 60 07 49

22207 Hamburg 15.01.2007

Beschwerde bezüglich Einlösung der Bonuspunkte
Bahncard: 123 4567 8910 1234

Sehr geehrte Damen und Herren,

ich bin bei Ihnen bahn.comfort-Kunde und besitze nun im zweiten Jahr die BahnCard First 50. Im Glauben, dass ich bereits über 3.000 Punkte gesammelt habe (wurde mir bis Ende des Jahres in meinem Profil auch so angezeigt), wollte ich diese in ein Bahnticket einlösen. Da ich online damit Schwierigkeiten hatte und an den Fahrkartenschalter verwiesen wurde, bin ich extra zum Bahnhof gefahren. Dort wurde mir mitgeteilt, ich hätte nur 8 Bonuspunkte und somit keinen Anspruch auf eine Freikarte.

Ich war sehr verärgert und vor allem irritiert. Die Dame am Schalter verwies mich an den Kundendialog. Zunächst habe ich bei bahn.comfort (01805 / 88 44 22) angerufen. Die Dame konnte mir nicht helfen und verwies mich an den Bereich bahn.bonus (01805 / 340035). Dort wurde mir erklärt, dass man sich für die Punkte separat anmelden müsste. Für mich nicht nachvollziehbar, da ich bei jeder Buchung, die ich im Internet getätigt habe, gefragt wurde, ob ich Bonuspunkte sammele. Diese Frage habe ich dann auch jedes Mal mit Ja beantwortet. Also war für mich klar, ich sammele Punkte.

Nach langer Diskussion mit Frau S. wurde ich telefonisch an den Kundendialog verwiesen. Übrigens wieder eine teure 01805er Telefonnummer. Dort habe ich mich nach ebenfalls langer Diskussion mit einer Teamleiterin verbinden lassen. Frau B. erklärte mir wieder ausführlich den Unterschied zwischen bahn.bonus und bahn.comfort. Auf meine Frage hin, warum ich denn jetzt 8 Punkte hätte, teilte sie mir mit, dass man seit Dezember 2006 nun automatisch Bonuspunkte gutgeschrieben bekommt. Wieso ist das alles so kompliziert für den Kunden?

Ich bat Frau B., mir die Punkte nachträglich gutzuschreiben, da es ja offensichtlich ist, dass ich viel gefahren bin. Sie sicherte mir zu, sich darum zu kümmern und mich per E-Mail zu informieren. Dieses Telefonat fand am 6.1.2007 zwischen 12.30 und 13:00 Uhr statt. Bis heute habe ich keinerlei Nachricht erhalten.

Ich muss sagen, der Umgang mit guten Kunden ist schon sehr bemerkenswert. Sie sind sicherlich auch daran interessiert, mich weiterhin als gute Bahnkundin regelmäßig begrüßen zu dürfen. Daher bitte ich Sie, mir die gesammelten bahn.comfort-Punkte auf dem bahn-bonus-Punktekonto gutzuschreiben.

Ich bedanke mich schon jetzt für Ihr kulantes Vorgehen und verbleibe

mit freundlichen Grüßen

Kundenhinweise beachten

Kaum ein Kunde macht sich so viel Mühe wie Koukou. Dabei hat sie der Bahn AG folgende kostenlose Hinweise darauf gegeben, was am Kundenservice geändert werden müsste:

- Das Bonusprogramm ist verwirrend.
- Die vielen Rufnummern lassen nicht auf eine kundenfreundliche Bearbeitung der Angelegenheit hoffen.
- Die Mitarbeiter der Service-Einrichtungen haben sich auf lange Diskussionen mit dem Kunden eingelassen.

Es ist unglaublich, welche Antwort Koukou erhält: Hier die Antwort der Bahn AG vom 22.01.2007:

Sehr geehrte Frau Koukou,

vielen Dank für Ihren Anruf vom 06.01.2007.

Ihr Anliegen haben wir erneut grundlegend überprüft. Ihrem Wunsch, die Punkte nachträglich gutzuschreiben, können wir jedoch nicht nachkommen.

bahn.bonus ist ein Prämienprogramm für alle Bahnfahrer, die eine BahnCard besitzen. Zu Beginn des bahn.bonus-Prämienprogramms im September 2005 war eine einmalige Registrierung erforderlich. Die Anmeldung zum bahn.bonus-Programm war freiwillig. Wir haben unsere Kunden über die öffentlichen Medien (u. a. Internet, Presse) informiert, da über diesen Weg die meisten Kunden erreicht wurden.

Zum 1. Dezember 2006 wurde dieser Prozess geändert, und die bis dahin nicht registrierten BahnCard-Inhaber sind seitdem automatisch angemeldet.

Bis 30. November 2006 lag uns keine Anmeldung von Ihnen vor, und deshalb wurden Sie zum 01.12.2006 freigeschaltet. Seit diesem Zeitpunkt sammeln Sie automatisch auf beiden Konten.

Sehr geehrte Frau Koukou, wir hoffen, Ihnen mit unseren Ausführungen weiterzuhelfen, und freuen uns, Sie auch in Zukunft als Gast in unseren Zügen begrüßen zu dürfen.

Mit freundlichen Grüßen

Odyssee geht weiter

Die Bahn AG ist also in keiner Weise auf Koukous Anliegen eingegangen. Interessant ist, welche weiteren Informationen sich aus dem Schreiben herauslesen lassen:

- Die Beschwerde hat die Bahn herzlich wenig interessiert.
- Offensichtlich hat der alte Prozess auch andere Kunden irritiert.

- Im Schreiben steht die Formulierung: „Wir hoffen, Ihnen mit unseren Ausführungen weitergeholfen zu haben …“ – und das, obwohl sie nie darum gebeten hat. Es handelt sich um eine bloße Floskel.

Koukou fühlt sich als Kundin überhaupt nicht ernst genommen. Aber sie gibt nicht auf und schreibt an den „Leiter Kundenbindung“:

Herrn M. F. PERSÖNLICH
DB Fernverkehr AG
bahn.comfort Service

26414 Schortens 25.01.2007

Beschwerde bezüglich Einlösung der Bonuspunkte
BahnCard: 123 4567 8910 1234

Sehr geehrter Herr F.,

ich wende mich heute an Sie persönlich, weil ich der Meinung bin, dass Sie als Leiter Kundenbindung sicherlich an meinem Thema sehr interessiert sind. Als BahnCard first 50 Kunde, der immerhin im letzten Jahr über 3.000 Punkte bei der Bahn erworben hat, bin ich über die Abwicklung und Handhabung der unterschiedlichen Programme sehr irritiert. Es wird viel Geld für die Kundengewinnung und Werbung ausgegeben. Wenn es aber darum geht, die Punkte einzulösen, wird es schwierig. Mir war die Handhabung der unterschiedlichen Programme nicht transparent.

Um nun die Punkte nachträglich gutgeschrieben zu bekommen, habe ich dies ausführlich online über bahn.de/kontakt begründet (Auszug aus dem Text finden Sie dem Schreiben angehängt). Die Reaktion darauf lege ich Ihnen als Kopie bei. Ich halte fest:

Auf meine Beschwerde über den unzuverlässigen Kundenservice wurde gar nicht eingegangen.
Ich bin wieder darüber belehrt worden, was ich hätte tun sollen.
Es gab kein Bedauern darüber, dass ich den ganzen Aufwand habe.
Es wurde keine Kulanzregelung für mich gefunden.

Sie sind sicherlich mit mir der Ansicht, dass das nicht wirkliche Kundenbindung ist.
Bitte prüfen Sie den Vorgang in Ihrem Hause. Ich hoffe, dass Sie hier noch eine Kulanzregelung finden.

Auf eine positive Rückmeldung freue ich mich schon jetzt und verbleibe mit freundlichen Grüßen

Die Antwort lässt nicht lange auf sich warten. Das Antwortschreiben der Bahn AG vom 30.01.2007:

Sehr geehrte Frau Koukou,

vielen Dank für Ihr Schreiben vom 25.01.2007.

Bezugnehmend auf unsere bisherige Korrespondenz, in der wir den Sachverhalt ausführlich erläuterten, bedauern wir, Ihren Wünschen nicht entsprechen zu können.

Nach erneuter Prüfung teilen wir Ihnen mit, dass sich bezüglich unserer Entscheidung jedoch keine neuen Standpunkte ergeben haben.

Es tut uns leid, Ihnen keine andere Lösung anbieten zu können.

Sollten Sie hierzu noch Fragen haben, so rufen Sie uns einfach unter Ihrer Service-Nummer an.
Wir sind täglich in der Zeit von 06.00 Uhr bis 23.00 Uhr für Sie da.

Wir wünschen Ihnen weiterhin angenehme Reisen mit der Bahn.

Mit freundlichen Grüßen

Konsequenz: die Kündigung

Diese kühle Antwort schlägt dem Fass den Boden aus. Wahrscheinlich hat der Leiter Kundenbindung das Schreiben nie erhalten – bei dem Antwortschreiben handelt es sich offensichtlich um einen Standardbrief. Wie kann ein Unternehmen nur so ignorant sein. Koukou ist zu Recht sauer und kündigt die BahnCard.

Service mit Alibifunktion

Das Beispiel zeigt überdeutlich, dass das Unternehmen sich darauf spezialisiert hat, die Kunden abzuwimmeln. Der Kundenservice hat nur eine Alibifunktion.

Reaktion eines kundenfreundlichen Unternehmens

Welche Reaktionsweise wäre angemessen gewesen? Nun – es hätte schon gereicht, Koukou nur die Hälfte der Punkte gutzuschreiben. Sie hätte sich damit zufrieden gegeben und wahrscheinlich das Abonnement der BahnCard verlängert. Es bedarf manchmal so wenig, den Kunden zufrieden zu stellen.

Kundenfreundlichkeit = Qualität

Was hat das ganze mit Qualität zu tun hat? Wir erinnern uns: Der Fortbestand eines Unternehmens wird gesichert durch Qualität bei den angebotenen Produkten und Dienstleistungen, durch Servicequalität und durch eine erstklassige Beziehungsqualität.

Langfristige Kundenbindung als Ziel

Die Bahn hat zwei von drei Punkten nicht erfüllt. Sie hat keine Beziehung zu Koukou aufgebaut, und der angebotene Service war miserabel. Aber: Folgende Voraussetzungen müssen erfüllt sein, um einen Kunden langfristig an das Unternehmen zu binden:

- Erfüllung der Erwartung (Gutschrift der Punkte)
- ein auf den Kunden (Zielgruppe) individueller zugeschnittener Service
- für First-Kunden Einrichtung einer kostenlose Rufnummer
- Kunden in den Entscheidungsprozess einbeziehen (die Service-Mitarbeiterin hätte fragen können, was Koukou von der Bahn erwartet. Dann hätte ein kundenorientierter Dialog entstehen können)

Beschwerde als Chance zur Verbesserung

Hinzu kommt: Wenn der Kunde reklamiert, gibt das dem Unternehmen Aufschluss über die Qualität des Produktes und des Service. Unternehmen sollten sich für solche kostenlosen Anregungen bei ihren Kunden bedanken und sie um weitere Informationen bitten – jede Reklamation ist eine Chance, sich zu verbessern. Darum gilt:

> **Bei Kundenbefragungen sollte der Kunde explizit um Verbesserungsvorschläge gebeten werden.**

Stabsstelle „Qualitätssicherung"

Qualität überprüfen

Kundenbindung erreicht ein Unternehmen nur, wenn es die Qualität seiner Produkte und Leistungen ständig überprüft und optimiert. Das A und O der Qualitätssicherung ist die Implementierung einer Stabsstelle „Qualitätssicherung". Diese Stabsstelle ist für die Überprüfung und Sicherstellung der Qualität verantwortlich.

Qualitätsstandards

Die Erstellung eines Qualitätsprozesses mit Qualitätsstandards bildet dabei die Grundlage. Der Qualitätsprozess sieht vor, dass die Prozesse aller Bereiche im Unternehmen auf den Prüfstand gestellt und Vorschläge zur Optimierung erarbeitet werden.

Geprüft wird, ob

- SLAs noch up to date sind und eingehalten werden,
- Prozesse am Kunden ausgerichtet sind und eingehalten werden,
- Kunden zufrieden sind (durch Messung der Kundenzufriedenheit) und
- Mitarbeiter zufrieden sind (durch Mitarbeiterbefragung).

Messwerte festlegen

Um die Service- und Kundenorientierung prüfen zu können, müssen entsprechende Messwerte vorhanden sein. Diese Messwerte müssen erreichbar und von jedem einzelnen Mitarbeiter beeinflussbar sein, das heißt: Der Mitarbeiter muss durch seine Leistung dazu beitragen können, diesen Soll-Zustand zu verwirklichen. Sie gehören darum in die individuellen Zielvereinbarungen, die mit dem Mitarbeiter getroffen werden.

Die Messwerte werden von den einzelnen Bereichen definiert. Die Stabsstelle prüft, ob die Messwerte vorhanden sind und ob sie eingehalten werden.

Beispiel aus der Versicherungsbranche

Kundenerwartungen als Grundlage

Ein Beispiel aus einer anderen Branche verdeutlicht, wie die Qualität kundenorientiert gesichert werden kann. Fragen wir uns zunächst, welche Erwartung der Kunde an seine Versicherung stellt:

- unbürokratische Schadenbearbeitung (schnelle Regulierung mit wenig Papierkram und überflüssigen Fragen)
- Hilfestellung bei Beseitigung des Schadens (etwa Leihwagen, Liste mit Handwerkern)

- eventuell Anpassung der Versicherungssumme
- kompetente, schnelle, freundliche und zuverlässige Bearbeitung

Sollwerte als Bemessungsmaßstab

Sollwerte, die über den gesamten Kundenzyklus – von der Kundengewinnung bis zur Kundenbetreuung – verteilt sind, helfen, den Qualitätsstand zu messen und zu überprüfen:

Leistung	mögliches Ergebnis
Telefonische Erreichbarkeit	85 Prozent
Reaktionszeit auf Beschwerden	ein Tag
Versandfrist der Policen	sieben Tage
Von der Anfrage zum Angebot	halber bis ein Tag
Bearbeitungsdauer von Beschwerden	drei Tage
Anzahl fehlerhafter Policen	< fünf Prozent
Kundenstorno	< zwei Prozent
Schadenregulierung	< sieben Tage
Erfolgsquote Marketing	fünf Prozent

Tabelle 5: Sollwerte in der Versicherungsbranche

Komponenten des Qualitätsprozesses

Ein erfolgreicher Qualitätsprozess umfasst folgende Komponenten:

- Soll darstellen
- Ist erheben (Feststellungen)
- Bewertung des Ist-Zustandes
- Vorschläge erarbeiten und präsentieren
- Entscheidung vom Vorstand/Geschäftsführer einfordern
- Umsetzung kontrollieren

Um diesen Qualitätsprozess zu bewältigen, werden folgende Erhebungen durchgeführt:

Erhebungen für Qualitätsprozess

- Erhebung der Arbeitsabläufe mit Tätigkeit und Zeitangabe
- Analyse der Arbeitsanweisungen
- Stichproben von Unterlagen (Fehlerquoten, Dokumentation etc.)
- Messung von Durchlaufzeiten
- Befragungen über die Kundenzufriedenheit (am besten durch ein separates Team im Unternehmen)
- Analyse von Statistiken (Stornoquote, Aufleger in der Warteschleife, Verfügbarkeit des Mitarbeiters etc.)

Eine genaue Aufstellung der Schwachstellen und Maßnahmen zur Verbesserung (etwa kürzere Durchlaufzeiten, Erreichbarkeit, etc.) stellen das Ergebnis dieser Erhebungen dar.

Beurteilungsbogen richtig einsetzen

Professionelle Beurteilungsbogen

Beurteilungsbogen helfen, Kundenbefragungen durchzuführen. Aber Vorsicht: Beurteilungsbogen im Hotel, in Flugzeugen oder im Geschäft auszulegen und den Kunden aufzufordern, sie auszufüllen, genügt nicht und ist oft sogar kontraproduktiv. Denn warum soll der Kunde bei einer schlechten Leistung auch noch Zeit aufwenden, um dies dem Unternehmen mitzuteilen?

Abbildung 8 auf der nächsten Seite zeigt ein Bespiel für einen Beurteilungsbogen aus einem Hotel:

Vorteile und Nachteile

Gut an dem Bogen ist, dass der Kunde sich entscheiden muss und kann – es kann nicht die typische Mitte angekreuzt werden, der Kunde bezieht Stellung. Zudem lässt der Bogen Freitext zu: Der Kunde kann seine Meinung begründen und sich konkret äußern. Aber es gibt auch Nachteile: Der Beurteilungsbogen umfasst vier Seiten und ist damit eindeutig zu lang. Die Fragen, wie wichtig die abgefragten Kriterien sind, sind überflüssig. Hinzu kommt: Der Bogen lässt zwar Freitext zu, aber es ist zu wenig Platz für die Notizen vorhanden.

WELLNESS-BAROMETER

Bichlhof – Sport-Wellnesshotel ★★★★

Leben mit Wellness – BEST WELLNESS HOTELS AUSTRIA

Bitte teilen Sie uns mit, wie zufrieden Sie mit unseren Leistungen und Angeboten waren (bitte Zufriedenheit und Wichtigkeit so ankreuzen: x). Vielen Dank!

Name: .... **E-Mail:** ....

Zimmernr.: .... **Aufenthalt von:** .... **bis:** ....

Wie wichtig sind diese Kriterien für Sie?

1. Wie zufrieden waren Sie bei der RESERVIERUNG mit ...	Sehr zufrieden	Eher zufrieden	Eher Unzufrieden	Sehr Unzufrieden	Wichtig	Unwichtig
a) Schnelligkeit und Professionalität	☐	☐	☐	☐	☐	☐
b) Freundlichkeit der Mitarbeiter	☐	☐	☐	☐	☐	☐

☺ .... Was war positiv? ☹ .... Was war negativ?

2. Wie zufrieden waren Sie bei der ANKUNFT mit ...	Sehr zufrieden	Eher zufrieden	Eher Unzufrieden	Sehr Unzufrieden	Wichtig	Unwichtig
a) Erster Eindruck vom Hotel-Ambiente	☐	☐	☐	☐	☐	☐
b) Empfang	☐	☐	☐	☐	☐	☐
c) Gepäckservice	☐	☐	☐	☐	☐	☐
d) Ambiente	☐	☐	☐	☐	☐	☐

☺ .... Was war positiv? ☹ .... Was war negativ?

3. Wie zufrieden waren Sie an der REZEPTION mit ...	Sehr zufrieden	Eher zufrieden	Eher Unzufrieden	Sehr Unzufrieden	Wichtig	Unwichtig
a) Freundlichkeit und Hilfsbereitschaft der Mitarbeiter	☐	☐	☐	☐	☐	☐
b) Kompetenz der Mitarbeiter	☐	☐	☐	☐	☐	☐
c) Ablauf Check-In und -Out	☐	☐	☐	☐	☐	☐

☺ .... Was war positiv? ☹ .... Was war negativ?

4. Wie zufrieden waren Sie im ZIMMER mit ...	Sehr zufrieden	Eher zufrieden	Eher Unzufrieden	Sehr Unzufrieden	Wichtig	Unwichtig
a) Sauberkeit	☐	☐	☐	☐	☐	☐
b) Grösse des Gästezimmers	☐	☐	☐	☐	☐	☐
c) Ausstattung	☐	☐	☐	☐	☐	☐
d) Badezimmer (Grösse,Ausstattung)	☐	☐	☐	☐	☐	☐
e) Wünsche für den nächsten Aufenthalt						

☺ .... Was war positiv? ☹ .... Was war negativ?

5. Wie zufrieden waren Sie beim FRÜHSTÜCK mit ...	Sehr zufrieden	Eher zufrieden	Eher Unzufrieden	Sehr Unzufrieden	Wichtig	Unwichtig
a) Atmosphäre im Frühstücksraum	☐	☐	☐	☐	☐	☐
b) Frühstücksbuffet	☐	☐	☐	☐	☐	☐
c) Freundlichkeit der Mitarbeiter	☐	☐	☐	☐	☐	☐

☺ .... Was war positiv? ☹ .... Was war negativ?

Wellness-Barometer Sport-Wellnesshotel Bichlhof - Seite 1 von 4

Abbildung 8: Beispiel für einen Beurteilungsbogen

Besser ist es, den Kunden persönlich nach seiner Zufriedenheit zu fragen, sich für seine Anregungen zu bedanken – und sie dann für den Kunden spürbar umzusetzen.

Persönliches Gespräch führen

Aber hier ist auch Vorsicht geboten: Das persönliche Kundengespräch kann den Kunden auch nerven – und genervte Kunden und Antworten von genervten Kunden sind kontraproduktiv.

Qualitätsstandards etablieren

Zu den Aufgaben der Stabsstelle „Qualitätssicherung" gehört es, dass im Kundenservice Qualitätsstandards formuliert und gesetzt und schließlich auch verwirklicht werden. Es hat sich bewährt, dabei einige Aspekte zu berücksichtigen.

Eine einheitliche Begrüßung ist die Visitenkarte des Unternehmens. Leider melden sich oft nur die Mitarbeiter des Kundenservice-Centers einheitlich. Wichtig ist jedoch, dass sich wirklich jeder Mitarbeiter – vom Geschäftsführer bis zum Hausmeister – einheitlich meldet. Denn so baut das Unternehmen in der Wahrnehmung des Kunden einen hohen Wiedererkennungswert auf.

Einheitliche Begrüßung

Wichtig ist zudem die persönliche Anrede des Kunden mit seinem Namen. Der Name ist zunächst das Erste, was wir vom Kunden erfahren. Durch Nennung seines Namens drücken wir Wertschätzung aus. In der Regel sollte der Name des Kunden in einem Telefonat dreimal genannt werden:

Persönliche Anrede

- bei der Begrüßung
- im Gespräch
- bei der Verabschiedung

Die Verwendung offener Fragen gibt dem Kunden die Möglichkeit, in seiner Sprache auszudrücken, was ihn tatsächlich bewegt. Mit offenen Fragen wird der Kunde angeregt, mit dem Gesprächspartner in einen Dialog einzutreten. Und dabei erhält der Mitarbeiter nutzenrelevante Informationen über den Kunden und zu dessen Erwartungen und Wünschen.

Offene Fragen verwenden

Das Treffen von klaren Vereinbarungen und verbindlichen Aussagen vermittelt Kompetenz. Der Kunde weiß, dass er es mit einer

Klare Vereinbarungen

professionellen Organisation zu tun hat, und erhält ein klares Bild darüber, welches Ergebnis er wann erwarten kann. Das setzt aber voraus, dass es klare Service-Level-Agreements gibt, die auch eingehalten werden.

Gespräch zusammenfassen

Zu beachten ist auch, dass die wesentlichen Punkte eines Gesprächs zum Gesprächsende hin zusammengefasst werden. Vom Kunden wird nochmals das Feedback eingeholt, ob die Zusammenfassung so richtig ist. Bei der Verabschiedung sollte man sich etwas Besonderes einfallen lassen. In einem Hotel kann dies ein Blumenstrauß sein, der persönlich überreicht wird. Der Blumenstrauß signalisiert dem Kunden, dass er willkommen war und ist. Die persönliche Anrede garantiert, dass man den Kunden als Person und als Individuum wahrgenommen hat und nicht bloß als eine Nummer im Strom der Kunden.

Die Einführung solcher Standards setzen voraus, dass sie als fester Bestandteil in die Kommunikationstrainings integriert werden. Durch Coaching am Arbeitsplatz wird die Anwendung der Standards systematisch trainiert. Außerdem sollte die Einhaltung der Standards überprüft werden.

Qualitäts-Messkriterien für ein Kundenservice-Center

Qualität messen: harte Faktoren

Die Kunden nehmen in der Regel telefonisch Kontakt auf. Bei der Messung der Qualität hat sich die Unterscheidung zwischen harten und weichen Faktoren bewährt. Zu den harten Faktoren gehören Zahlen, Zahlen – und nochmals Zahlen. Die Festlegung der Zahlen ist aber abhängig von der Ausrichtung des Kundenservice-Centers sowie des Produktes. Die folgenden Zahlen stellen somit nur einen mittleren Wert dar:

Beispiele für Messwerte

- 80 Prozent der Anrufe werden innerhalb von 20 Sekunden angenommen.
- Die Abbruchrate liegt unter fünf Prozent.
- Die Anrufdauer (Gesprächsdauer plus Nachbearbeitungszeit) beträgt maximal 600 Sekunden, also zehn Minuten.
- Die Gesprächsdauer umfasst maximal 360 Sekunden, also sechs Minuten.

- Die Nachbearbeitungszeit sollte 240 Sekunden nicht überschreiten, also vier Minuten.
- Die Quote der Mitarbeiter im Status „nicht bereit" bzw. „nicht verfügbar" liegt unter 35 Prozent.
- Die Sofortlösungsquote – der Mitarbeiter kann das Problem des Anrufers lösen – beträgt beim ersten Anruf 80 Prozent.
- Die Quote der Mitarbeiter, die sich im Zustand „nicht bereit", „ausgeloggt", „abwesend" oder „Pause" (abzüglich unbezahlter Pausenzeit) finden, sollte maximal 23 Prozent betragen. Dabei entfallen:
  - zehn Prozent auf Urlaub
  - fünf Prozent auf Trainingszeiten
  - drei Prozent auf Krankheit
  - fünf Prozent auf Meetings oder Teamtreffen
- Der Status „Mitarbeiter eingeloggt" beträgt mindestens 77 Prozent.
- Die Auslastung liegt bei 80 Prozent.

Beispiel

Bei einer Achtstundenschicht minus einer Stunde Pause beträgt die bezahlte Arbeitszeit 420 Minuten. Bei 420 Minuten minus 23 Prozent Abwesenheit verbleiben 323 Minuten produktive Zeit – der Mitarbeiter muss am Tag also 323 Minuten eingeloggt sein, um das Ziel von 77 Prozent im Status „logged in" zu erreichen.

Weiche Faktoren

Kommen wir zu den weichen Faktoren, zu denen Dinge wie Zuverlässigkeit, Freundlichkeit (Herzlichkeit), Kompetenz und Empathie zählen. Die weichen Faktoren können von Kunde zu Kunde unterschiedlich wahrgenommen werden. Je nach Unternehmen oder Dienstleistung fällt der Anspruch zum Beispiel an eine EDV-Hotline sehr unterschiedlich aus. Bei einem Pannenservice etwa sind Erreichbarkeit und schnelle Bearbeitung unerlässlich. Um die Qualität im Kundenservice-Center zu überprüfen, liegen verschiedene Methoden vor:

Messmethoden

- *Mystery-Calls:* Ein externes Unternehmen wird beauftragt, Anrufe zu tätigen und nach vorgegebenen Punkten – etwa Kompetenz, Freundlichkeit, Schnelligkeit, etc. – zu testen.
- *Silent-Monitoring:* Die Telefonate der Mitarbeiter werden unbemerkt mitgeschnitten. Leider wird diese Methode oft missbraucht, um Material für Sanktionen zu erhalten.

- *Onsite-Coaching:* Ein Zuhörender (Coach, Trainer, Teamleiter) sitzt neben dem Mitarbeiter und hört die Gespräche mit. Nach jedem Telefonat erhält der Mitarbeiter konstruktives Feedback. Es wird unterschieden in:

Fachcoaching
- regelmäßige Reflexion der praktizierten Fach- und Gesprächskompetenz
- Aufzeigen notwendiger Nachschulungen
- Förderung des Mitarbeiters (Ergebnis ist beurteilungsrelevant)
- Durchführung des Coachings durch den Teamleiter

Verhaltenscoaching
- Reflexion des Verhaltens am Telefon
- Reflexion des Verhaltens im Team
- gegebenenfalls Nachschulen im Bereich Telefontraining, zudem Stressmanagement, Zeitmanagement etc.
- Durchführung durch einen ausgebildeten Coach

Abbildung 9: Formen des Onsite-Coaching

Aus dem Gesagten lässt sich folgender Schluss ziehen:

Perfekte Qualität zeichnet sich aus durch exzellente Servicequalität über alle Phasen des Kundenkontaktes hinweg und durch eine erstklassige Beziehungsqualität. Gute Qualität ist besser als jedes Kundenbindungsprogramm.

Wie wichtig ist Qualität und wie stelle ich sie sicher?

Koukou weiß nun:
Nur mit Qualität von Produkten und Dienstleistungen hebt sich ein Unternehmen vom Markt ab und kann langfristig seine Kunden binden. Qualität sollte ein Bestandteil der Unternehmenskultur sein.

Koukou fragt sich im Blog:
Aha, nur ein Kundenservice-Center aufbauen – das alleine reicht nicht. Es muss qualitativ auch hochwertig sein. Diese Qualität kann und muss ich messen. Erste Messinstrumente kenne ich bereits. Gibt es weitere Kennzahlen, um Qualität zu messen?

Mit welchen Kennzahlen wird die Qualität überprüft?

Nur wenn das Unternehmen weiß, welche Kennzahlen wichtig sind und wie sie erhoben werden, ist es in der Lage, die Prozesse immer wieder auf den Prüfstand zu stellen und auf Veränderungen schnell zu reagieren.

Reportingkonzept erstellen

Im ersten Schritt wird ein Reportingkonzept erstellt, in dem festgelegt wird, welche Kennzahlen erhoben werden sollen und welche Kennzahlen für wen im Unternehmen bestimmt sind. Zum Beispiel sehen Kennzahlen für das Management anders aus als Kennzahlen für die Teamleitung. Das heißt: Der Bericht muss empfänger- und nutzungsorientiert sein (Mitarbeiter, Teamleiter, GF, Vorstand). Im Reportingkonzept wird festgelegt, wer was erhält sowie in welchem Rhythmus, in welcher Tiefe und zu welchem Zweck der Report erstellt wird.

Kennzahlen-system

Das Kennzahlen- und Berichtssystem soll:

- das Management bei der operativen Führung des Kundenservice-Centers unterstützen,
- Transparenz über Ursachen und Wirkung von Abweichungen in Qualität und Wirtschaftlichkeit schaffen,
- Basis für die Priorisierung von Maßnahmen sein,
- Grundlage für die Weiterentwicklung des Kundenservice sein und
- die Erfolge des Kundenservice-Centers kommunizierbar machen.

Beispiele für Kennzahlen

Tabelle 6 gibt eine Übersicht zu den Kennzahlen und erläutert sie. Da die Kennzahlen in den Reportings häufig nur in englischer Sprache genannt werden, umfasst die Tabelle auch die entsprechenden englischen Begriffe.

Kennzahl in Deutsch	Kennzahl in Englisch	Beschreibung
Kosten pro Anruf	Cost per Call	■ reine Managementinformation ■ durch Einzelverantwortlichen nicht beeinflussbar ■ Festlegung, welche Kosten in diese Kennzahl einfließen soll ■ Definition der Schwellenwerte
Anrufdauer	Call-Handling Time oder Duration	■ wesentliche Basiskennzahl für Performance/Kosten ■ ergibt zusammen mit Call-Volumen das Arbeitsvolumen ■ Addierung von Anrufdauer First und Second Level ■ Definition der Schwellenwerte
Kündigungs-rate	Cancellation Rate	■ Kennzahl gibt Aufschluss über die Kündigungsrate der Kunden ■ Festlegung des Betrachtungszeitraumes
Sofortlösungs-quote	First Solution	■ konkretes Qualitätsmerkmal aus Kundensicht ■ steht in Verbindung zum Wiederholungsanruf (Redial Rate) ■ setzt klare Prozesse und hohe Mitarbeiterqualifikation voraus
Wiederholungs-anruf	Redial Rate	■ Wirtschaftlichkeitsmerkmal des Kundenservice-Centers ■ steht in Verbindung zur Sofortlösungsquote ■ beeinflussbar durch klare Prozesse und Mitarbeiter-qualität ■ objektiv ermittelbar
Verfügbarkeit	Availiability	■ ist abhängig von Personaleinsatzplanung, ■ aktuellem Anrufvolumen, Anrufdauer und der Toleranz der Kunden ■ Festlegung des Service-Levels (Benchmark = 80/20) ■ gibt Hinweise auf die Servicequalität in Bezug auf Erreichbarkeit
Durchschnittliche Wartezeit	Average Waitingtime	■ ist abhängig von Personaleinsatzplanung, aktuellem Anrufvolumen, Anrufdauer und der Toleranz der Kunden ■ Festlegung, wie lange ein Kunde in der Warteschleife warten soll (Kunde sollte nicht länger als 60 Sekunden warten)

Kennzahl in Deutsch	Kennzahl in Englisch	Beschreibung
Service Level 80 / 20	Level 80 / 20	■ ist abhängig von Personaleinsatzplanung, aktuellem Anrufvolumen, Anrufdauer und der Toleranz der Kunden ■ Festlegung, wie viel Prozent der Anrufe in wie viel Sekunden angenommen werden sollen
Kosten pro Kunde	Cost per Customer	■ Kosten des Service pro Kunde ■ gibt Hinweis auf die Effizienz des Kundenservice-Centers ■ zeigt Potentiale für spätere Kundensegmentierung auf ■ Festlegung, welche Kosten in diese Kennzahl einfließen sollen
Kunden-zufriedenheit	Customer Satisfaction	■ ist über einen Index definiert ■ gibt Hinweis auf Kompetenz, Freundlichkeit, Erreichbarkeit des Kundenservice-Centers, Bedienung des Produktes etc. ■ Festlegung, wie diese Kennzahl erhoben wird
Anzahl gewonnener Kunden	Conversion Rate	■ Kennzahl gibt Aufschluss über die Umwandlung von Interessenten in Kunden ■ Festlegung, wie diese Kennzahl gemessen wird
Kundenrück-gewinnung in Prozent	Churn Rate	■ gibt Aufschluss über die Rückgewinnung von Kunden, die das Produkt nicht mehr nutzen oder gekündigt haben ■ Festlegung, wie diese Kennzahl gemessen wird
Anzahl der eingegangenen Tickets	Number of Tickets	■ Gesamtzahl der eröffneten Tickets ■ guter Quervergleich zu den eingegangenen Mails, Anrufen etc. ■ Festlegung der Zeitintervalle ■ jede Anfrage beim Kundenservice ergibt ein Ticket
Anzahl gelöster Tickets	Number of solved Tickets	■ gelöste Tickets im Verhältnis zu den eingegangenen Tickets ■ Festlegung, in welchen Zeitintervallen die Kennzahl dargestellt wird

Kennzahl in Deutsch	**Kennzahl in Englisch**	**Beschreibung**
Anzahl ungelöster Tickets	Number of unsolved Tickets	■ Differenz von eingegangenen Tickets und gelösten Tickets ergibt diese Kennzahl ■ Festlegung, in welchen Zeitintervallen die Kennzahl dargestellt wird
Anzahl weitergeleiteter Tickets	Number of forwarded Tickets	■ Anzahl der Tickets, die in die Organisation des Unternehmens weitergeleitet wurden (Second Level etc.) ■ Festlegung, in welchen Zeitintervallen dargestellt wird
Anzahl eingehender Anrufe	Number of incoming Calls	■ Anzahl/Festlegung Zeitintervalle
Anzahl eingehender Mails	Number of incoming Mails	■ Anzahl/Festlegung Zeitintervalle
Anzahl eingehender Briefe/Faxe	Number of incoming Letters/Faxes	■ Anzahl/Festlegung Zeitintervalle
Anzahl eingehender Chats	Number of incoming Chats	■ Anzahl/Festlegung Zeitintervalle
Anzahl eingegangener Anrufe auf den Anrufbeantworter	Number of incoming Voice Messages	■ Anzahl/Festlegung Zeitintervalle
Anzahl angenommener Anrufe	Number of handled Calls	■ Anzahl/Festlegung Zeitintervalle
Anzahl beantworteter Chats	Number of answered Chats	■ Anzahl/Festlegung Zeitintervalle
Anzahl beantworteter Mails	Number of answered Mails	■ Anzahl/Festlegung Zeitintervalle
Anzahl beantworteter Briefe/Faxe	Number of answered Letters/Faxes	■ Anzahl/Festlegung Zeitintervalle

Kennzahl in Deutsch	Kennzahl in Englisch	Beschreibung
Anzahl weitergeleiteter Anrufe	Number of forwarded Calls	■ Anzahl/Festlegung Zeitintervalle
Anzahl offener Mails	Number of open Mails	■ Anzahl/Festlegung Zeitintervalle
Anzahl offener Briefe/Faxe	Number of open Letters/Faxes	■ Anzahl/Festlegung Zeitintervalle
Anzahl ausgehender Anrufe	Number of outgoing Calls	■ Anzahl/Festlegung Zeitintervalle
Anzahl ausgehender Mails	Number of outgoing Mails	■ Anzahl/Festlegung Zeitintervalle
Anzahl ausgehender Briefe/Faxe	Number of outgoing Letters / Faxes	■ Anzahl/Festlegung Zeitintervalle
Anzahl ausgehender Chats	Number of outgoing Chats	■ Anzahl/Festlegung Zeitintervalle
Durchschnittliche Nachbearbeitungszeit	Average wrap up	■ Durchschnittliche Nachbearbeitungszeit ■ gibt Aufschluss über die Qualität der Mitarbeiter und des Systems
Abgebrochene Anrufe < 5 Sekunden	Abandoned Calls	■ Anzahl der aufgelegten Anrufe in der Warteschleife ■ gibt Aufschluss über das Anrufverhalten des Kunden ■ Festlegung Zeitintervall
Anruf pro Kategorie	Calls per Categorie	■ Anzahl der Anrufe nach Anrufgrund ■ Festlegung Zeitintervalle
nicht verfügbar	Idle Rate	■ Zeit, in der der Mitarbeiter nicht zur Verfügung steht ■ Als Indikator für die Gesamtwirtschaftlichkeit nutzen ■ Festlegung von Zeiten wie Training, Pause, Meeting, Urlaub etc

Tabelle 6: Kennzahlen

Kennzahlen zuordnen

Nun müssen die Kennzahlen dem jeweiligen Empfänger zugeordnet werden. In Tabelle 7 ist auch die Quelle angegeben, wo die Daten erhoben werden. ACD ist die Abkürzung für „Automatic Call Distribution", also für die automatische Anrufverteilung. CRM steht für das Customer Relationship Management, mit dem Kundenbeziehungen und -kontakte dokumentiert werden.
Zu beachten ist: Grundsätzlich müssen Kennzahlen, die Rückschlüsse auf den handelnden Mitarbeiter zulassen, in einer Betriebsvereinbarung festgelegt werden.

Kennzahl	Häufigkeit	Mitarbeiter Kunden-service	Teamleiter Kunden-service	Leiter Kunden-service	Quelle
Anrufdauer	Tag/Woche	X			ACD
Anrufdauer/Mitarbeiter	Tag/Woche		X		ACD
Anrufdauer je Team/Standort	Monat/Quartal			X	ACD
Anzahl der Verkäufe	Tag/Woche	X			CRM
Anzahl Verkäufe/Team	Tag/Woche		X		CRM
Anzahl Verkäufe/Team/Standort	Monat/Quartal			X	CRM
Verfügbarkeit	Tag/Woche	X			ACD
Verfügbarkeit/Mitarbeiter	Tag/Woche		X		ACD
Verfügbarkeit je Team/Standort	Monat/Quartal			X	ACD
Anzahl Kunden in Warteschleife	Tag/Woche		X		Online in ACD
Service Level	Tag/Woche		X		ACD
Service Level Standort	Monat/Quartal			X	ACD
Qualifikation der Mitarbeiter	Tag/Woche		X		Training
Redial-Rate/Standort	Monat/Quartal			X	ACD

Tabelle 7: Kennzahlen und Empfänger

Beispiel

Kundenservice-Center leben von der Erreichbarkeit. Daher ist es wichtig, zunächst die Kennzahlen der Gesprächs- und Nachbearbeitungszeit, der angenommenen Anrufe und den Service Level in den Vordergrund zu stellen. In den meisten Statistiken sind daher nur die Kennzahlen aufgeführt, die zur täglichen Steuerung benötigt werden. Tabelle 8 zeigt deutlich, dass der Leiter sein Kundenservice-Center schlecht geplant hat. Es sind zu viele Mitarbeiter im Einsatz, und daher besteht eine hohe Verfügbarkeit der Mitarbeiter. Und dann landen Anrufe auch noch auf der Mailbox. Das darf bei einer so geringen Auslastung nicht vorkommen.

Mitarbeiter/ Agent	Anruf-dauer	Eingehende Anrufe (extern) in Prozent	Interne Anrufe in Prozent	Anruf beant-worter Anzahl Anrufe	Verfüg-barkeit in Prozent	Nach-bearbeitungs-Zeit in Prozent
Agent 1	02:59:25	50	0	0	14	57
Agent 2	07:43:15	0	15	1	9	16
Agent 3	03:42:19	41	6	0	15	48
Agent 4	00:00:45	0	2	7	11	2
Agent 5	**05:14:41**	**49**	**1**	**0**	**21**	**53**
Agent 6	04:02:32	2	0	1	95	2
Agent 7	00:50:28	57	0	0	36	57
Agent 8	04:00:16	63	0	0	18	65
Agent 9	01:58:58	78	4	2	11	90
Agent 10	03:27:57	7	24	1	65	32
Agent 11	02:40:12	62	2	0	17	70
Agent 12	06:04:56	31	0	0	11	32
Agent 13	07:42:28	0	0	0	100	0
Agent 14	07:55:41	66	3	0	15	70
Agent 15	03:56:52	53	1	0	11	56
Agent 16	03:02:48	72	0	1	3	74
Agent 17	07:01:15	51	1	1	12	52
Agent 18	05:54:56	67	6	0	9	79

Tabelle 8: Was leistet Agent 5?

Auswertung

Welche Aussagen sind aber nun aufgrund der Statistik möglich – und zwar bezogen auf den Mitarbeiter 5?

- Mitarbeiter 5 war 5,14 Stunden in der ACD eingeloggt.
- Er hat 49 Prozent aller eingehenden externen Anrufe angenommen.
- Bei einem Prozent handelte es sich um Anrufe aus dem Unternehmen.
- Die IDLE-Time (für Anrufe verfügbar) betrug 21 Prozent.
- 53 Prozent der angenommenen Anrufe musste er nachbearbeiten.
- Der Mitarbeiter hat eine hohe verfügbare Zeit, und auch die Nachbearbeitungszeit ist hoch. Das bedeutet, dass
  - auf der einen Seite zu viele Mitarbeiter in der Schicht geplant waren und
  - auf der anderen Seite der Mitarbeiter entweder noch viel recherchieren musste oder er Schwierigkeiten hatte, Daten online einzugeben bzw. mit dem System nicht zurecht kam.

Verschiedene Bereiche – verschiedene Kennzahlen

Neben dem Kundenservice-Center arbeiten natürlich auch andere Bereiche im Unternehmen mit Kennzahlen. Hier ein kleiner Auszug:

- Finanzen: Kapitalverwertung, Liquidität, Kapitalbindung
- Kundenbetreuung: Marktentwicklung, Kundenentwicklung, Image, Rentabilität des Kunden, Umsatzsteigerung reklamierender Kunden
- Geschäftsprozesse: Arbeitsabläufe, Innovationsgrad, Kundenservice
- Mitarbeiter: Befähigung, Motivation, Produktivität, Informationssystem, Kündigungsrate
- Marketing: Erfolg einer Werbekampagne, Marktanteil
- Lieferanten: Liefertreue, Qualität der Lieferung

Das Kennzahlensystem der Balanced Scorecard

Definition

Die Balanced Scorecard (BSC) wurde von Robert S. Kaplan und David P. Norton 1992 entwickelt, um die Arbeitsabläufe und Prozesse des gesamten Unternehmens zu erfassen. Die BSC beruht nicht nur auf harten Kennzahlen, sondern bezieht die weichen Faktoren mit ein. Einen guten Überblick zur BSC geben Herwig R. Friedag und Walter Schmid in ihrem Buch „Balanced Score Card. Mehr als ein Kennzahlensystem“.

Die wichtigsten Aussagen zur BSC sind:

- Balanced Scorecard ist nichts grundsätzlich Neues; sie knüpft an vertraute und bewährte Methoden an und führt altbekannte Ideen zusammen.
- BSC setzt den Rahmen für die Konkretisierung und Realisierung der Strategien.
- Sie verbreitet die strategischen Ansätze durch Kommunikation im Unternehmen.
- Sie kann Zielkonflikte nicht verhindern, diese aber aufdecken.
- Balanced Scorecard hilft dem Unternehmen bei der Umsetzung der Visionen und Strategien.

Mit welchen Kennzahlen wird die Qualität überprüft?

Koukou weiß nun:
Um die Qualität zu messen, werden in einem Reportingkonzept die Kennzahlen festgelegt. Dazu gibt es viele verschiedene Systeme, aber man sollte auch den gesunden Menschenverstand zu Rate ziehen.

Koukou fragt sich im Blog:
Jetzt möchte ich etwas zu einem ganz anderen Aspekt der Organisation wissen: Welche Technik überhaupt ist im Kundenservice-Center notwendig?

Wie viel Technik braucht ein Kundenservice-Center?

Anspruchsvoller Arbeitsplatz

Der Bildschirmarbeitsplatz im Kundenservice-Center ist einer der anspruchsvollsten Arbeitsplätze. Denn zum einen muss sich der Mitarbeiter auf das Anliegen des Kunden konzentrieren. Zum anderen werden die definierten Prozesse in unterschiedlichen Systemen abgebildet. Hinzu kommt: Es werden Daten aufgerufen, letzte Einträge geprüft und die vorhandenen Daten aktualisiert. Das erfordert ein hohes Maß an Konzentration und die Fähigkeit, mehrere Arbeiten zugleich zuverlässig zu erledigen.

Verwirrende Technik

Oft wird diese Arbeit zusätzlich durch unübersichtliche EDV-Programme erschwert. Es muss Ziel sein, die Anordnung auf dem Bildschirm und die Software ergonomisch und einfach zu gestalten. Hilfreich ist es, gute und engagierte Mitarbeiter bei der Auswahl oder aber auch bei der Weiterentwicklung der Software einzubeziehen. Schließlich sind sie es, die nachher damit leben müssen – und arbeiten.

Ohne Technik geht es nicht

Es gibt auf dem Markt unzählige Anbieter für unterschiedliche Systeme. Allzu häufig wird vor allem die Funktionalität der zur Verfügung stehenden Technik bewertet, wenn es um die Frage geht, wie erfolgreich ein Kundenservice-Center arbeitet. Dass vorrangig die Menschen den Erfolg ausmachen, ist noch nicht überall bis in die Chefetagen vorgedrungen. Aber klar ist natürlich auch: Ganz ohne Technik geht es nicht. Darum folgen nun Erklärungen zu den wichtigsten technischen Begriffen.

ACD: „Automatic Call Distribution"

Automatic Call Distribution

Wahrscheinlich verfügt jedes Unternehmen über eine Telefonanlage, auch TK-Anlage genannt. Oft stehen die Verantwortlichen bei der Gründung eines Kundenservice-Centers vor der Entscheidung, die TK-Anlage aufzurüsten oder eine komplett neue Technik zu kaufen. Um ein Kundenservice-Center richtig steuern zu können, benötigt man in der Regel eine ACD, eine „Automatic Call Distribution", eine automatische Anrufverteilung. Die eingehenden Anrufe werden durch eine ACD auf sogenannte Agenten (Mitarbeiter mit ACD-Telefonen) verteilt. Dabei stehen folgende Verteilmechanismen zur Verfügung:

Verteilmechanismen

- *lineare Anrufverteilung:* Die Mitarbeiter bilden eine logische Reihe. Der erste freie Mitarbeiter in der Reihe erhält den Anruf.
- *longest Idle Agent:* Der Mitarbeiter mit der längsten Wartezeit erhält den wartenden Anruf.
- *Skill based Routing:* Der Mitarbeiter mit den besten Fähigkeiten erhält den wartenden Anruf. Stehen mehrere Mitarbeiter mit den gleichen Fähigkeiten bereit, wird das Prinzip „Longest Idle Agent" angewendet. Stehen keine geeigneten Mitarbeiter zur Verfügung, gibt es die Möglichkeit, den Anrufer in einer Warteschlange (Queue) warten zu lassen. Während dieser Zeit hört er Musik oder auch Ansagen.

Anforderungskatalog aufstellen

Vor der Auswahl einer ACD ist es wichtig, einen Anforderungskatalog zu definieren. Oft haben Unternehmen den Rolls Royce unter den ACDs eingekauft, brauchen aber nur einen Bruchteil der möglichen Funktionen. Der Anforderungskatalog sollte mit der EDV, dem Kundenservice und mit Marketing gemeinsam erstellt werden.

„Routing"-Alternativen

Auf die Frage, wie sich die Mitarbeiter hinsichtlich der Anrufverteilung organisieren lassen, gibt es zwei Antworten:

1. *Call Routing an eine Gruppe:* Das Kundenservice-Center ist in Gruppen aufgeteilt. Das kann zum Beispiel bedeuten, dass es eine Gruppe gibt, die nur Reklamationen bearbeitet, eine andere Gruppe bearbeitet allgemeine Anfragen, eine Gruppe bearbeitet Rechnungsanfragen etc.
2. *Skill based Routing:* Beim Skill based Routing werden alle Fähigkeiten eines Mitarbeiters festgelegt. Gleichzeitig lässt sich angeben, wie gut welche Fähigkeit bei welchem Mitarbeiter ausgeprägt ist. Bei dieser Methode verteilt die ACD jeden Anruf zu dem jeweils am besten qualifizierten Mitarbeiter. Somit stellt das Skill based Routing sicher die flexibelste Art der Anrufverteilung dar. Allerdings werden durch dieses Verfahren auch höchste Ansprüche an die Administration des Kundenservice-Centers gestellt.

VoIP: „Voice over IP"

Internet-Protokoll-Telefonie

Da die Telefonie über das Internet mehr und mehr verbreitet ist, gilt die Zukunft der VoIP. Unter VoIP (Internet-Protokoll-Telefonie) versteht man das Telefonieren über das Computernetzwerk. Der Vorteil ist, dass das Telefonieren über das Internet wesentlich günstiger ist. Auch das Administrieren der Telefone und der Software kann von einem Ort aus – nämlich dem Netzwerk – gesteuert werden. Gerade, wenn mehrere Standorte miteinander verbunden sind und sich gegenseitig vertreten, ist das Administrieren einfacher. Deswegen gehen immer mehr Betreiber von Kundenservice-Center auf diese Technologie über.

Über ein intelligentes Routing kann der Kunde über ein IVR-System direkt mit dem richtigen Ansprechpartner verbunden werden.

IVR: „Interactive Voice Response"

Sprachdialog-System

Hierbei handelt es sich um ein Sprachdialog-System, das einer ACD vorgeschaltet wird, um den Anruf vorab zu qualifizieren.

Beispiel

Der Kunde bei Lufthansa Miles and More landet grundsätzlich bei diesem System. Dort wird er Folgendes gefragt:
„Guten Tag. Vielen Dank für Ihren Anruf bei Miles and More Service-Telefon. Um Ihre Anfragen schneller beantworten zu können, bitten wir um Beantwortung der folgenden Fragen:

- *Haben Sie allgemeine Fragen zum Programm oder Ihrem aktuellen Kontostand,* ***antworten Sie bitte mit 1.***
- *Wünschen Sie eine Reservierung oder Auskunft zu einer Flugprämie,* ***antworten Sie bitte mit 5.***
- *Rufen Sie wegen einer Sachprämie an,* ***antworten Sie bitte mit 7.***
- *Benötigen Sie technische Hilfe zu unserem Online-Dienst Infoflyway,* ***sagen Sie 9.***

IVR-Vorteile

Der Vorteil bei IVR ist, dass der Grund des Anrufes vorher schon qualifiziert wird und der Anruf direkt an die richtige Mitarbeitergruppe durchgestellt wird. Der Kunde wird somit nicht unnötig von einem Mitarbeiter zum anderen Mitarbeiter weitergeleitet. Wichtig hierbei ist allerdings, dass dem Kunden nicht zu viele Auswahlmöglichkeiten zur Verfügung stehen, da er ansonsten zu sehr verwirrt wird. Heute wird vermehrt dieses System eingesetzt, um Informationen zu geben. Bei Banken zum Beispiel kann der Kunde seinen Kontostand abfragen, ohne mit einer Person persönlich zu sprechen.

CTI: „Computer Telephone Integration"

Koppelung mit Kunden-EDV-System

Bei der „Computer Telephone Integration" ist die Telefonanlage mit dem im Unternehmen existierenden Kunden-EDV-System gekoppelt. Ist die Telefonnummer des Kunden im System gespeichert und der Kunde überträgt seine Rufnummer, wird der Datensatz des Kunden beim Anruf übermittelt.

Dialer: Automatische Rufnummernwahl

Automatische Rufnummerwahl

Dialer heißt übersetzt, dass eine Maschine automatisch eine Rufnummer wählt. In der Regel werden Dialer für den Outbound-Bereich benötigt. Gerade bei umfangreichen Telemarketing-Aktionen braucht der Mitarbeiter nicht mehr die Telefonnummer selber zu wählen. Das setzt voraus, dass die Daten vorher qualifiziert aufbereitet werden, um Fehlverbindungen oder Ansagen wie „kein Anschluss unter dieser Nummer" zu vermeiden. Die heutigen Dialer sind so intelligent, dass sie bei Beantwortung des Anrufs durch Anrufbeantworter oder Faxgeräte die Weiterleitung an einen Mitarbeiter automatisch unterbinden.

Workflow-System: Verarbeitung von Arbeitsabläufen

Hierbei wird die Reihenfolge von Arbeitsschritten in einem System hinterlegt. Voraussetzung für die Einsetzung eines Workflow-Systems ist die genaue Definition der Prozesse für das gesamte Unternehmen. Zuständigkeiten müssen geregelt sein, Eskalationsmechanismen runden das Bild ab. Der einzelne Prozess wird dann in Arbeitsabläufe unterteilt, die durch Workflow-Systeme automatisiert werden.

Prozessgestützte Arbeitsabläufe möglich

Ein intelligentes Workflow-System ermöglicht prozessgestützte Arbeitsabläufe, um alle Ressourcen mit der richtigen Aufgabe für einen optimalen Kundenservice einzusetzen. Die Kundenanfrage wird durch den vom Kunden gewählten Kanal in das Kundenservice-Center geleitet und prozessgesteuert bearbeitet. Damit wird sichergestellt, dass:

- durch optimierte Abläufe ein exzellenter Kundenservice möglich ist und
- Kosten durch die Automation papierintensiver Tätigkeiten reduziert werden.

CRM: Customer Relationship Management

Workflow-Systeme sind heute ein integraler Bestandteil von CRM-Systemen. CRM ist heute in aller Munde und heißt: Customer Relationship Management, also Kundenbeziehungsmanagement.

Kundenbeziehungsmanagement verbessern

Der Einsatz von CRM-Systemen unterstützt die Unternehmen bei der Beantwortung folgender Fragen:

1. Welche Kunden sind profitabel?
2. Welche Kunden produzieren nur einen geringen Umsatz?
3. Welche Kunden stehen kurz vor dem Absprung (sind also kündigungsbereit)?
4. Mit welchen Produkten kann welche Zielgruppe angesprochen werden?
5. Wie kann der Erfolg einer Werbekampagne gemessen werden?
6. Wie lassen sich Kunden für Marketingaktionen am besten kategorisieren?

Technik als Mittel zum Zweck

Die Meinung ist verbreitet, dass CRM hauptsächlich mit Technik gelöst werden kann. Aber unter CRM versteht man die Steuerung von der Beziehung des Kunden zum Unternehmen mit Unterstützung einer CRM-Software. Die Technik ist also „nur" Mittel zum Zweck.

Konzentration auf Marktsegmente

Den Unternehmen wird die Bedeutung vollständiger und detaillierter Kundeninformationen zunehmend klarer. Zudem verfügen sie inzwischen über die technischen Voraussetzungen, diese Informationen zu speichern und bei Bedarf in der für sie richtigen Form abzurufen. Unternehmen erkennen immer mehr, dass ihr Marketing effektiver ist und der Absatz der Produkte besser läuft, wenn sich ihre unternehmerischen Bemühungen auf genau definierte Marktsegmente konzentrieren.

Wenn man davon ausgeht, dass manchmal weniger als 20 Prozent der Kunden für den Gesamtumsatz sorgen, ist es für Unternehmen zwingend notwendig, diese Kunden auszumachen und durch hochwertigen Service an sich zu binden.

Wie viel Technik braucht ein Kundenservice-Center?

Koukou weiß nun:
Ein Kundenservice-Center braucht die Technik, damit der Mitarbeiter in seiner Arbeit optimal unterstützt wird. Aber sie ersetzt nicht den Menschen.

Koukou fragt sich im Blog:
Technik unterstützt den Menschen, aber sie ersetzt den Menschen nicht. Was sind das denn für Menschen, die in einem Kundenservice-Center arbeiten? Und welche Menschen sind besonders geeignet, dort zu arbeiten?

3. Fragen zum Personal

Erfolgsfaktor Mitarbeiter

Da Kundenservice-Center sehr personalintensiv sind, ist eine gute Vorbereitung bei der Auswahl der Mitarbeiter notwendig. Die Mitarbeiter sind das Herzstück eines Kundenservice-Centers. Nur wenn die Mitarbeiter Spaß an der Arbeit haben und mit allen Kompetenzen ausgestattet werden, die sie zur Aufgabenerledigung brauchen, können sie einen Mehrwert für den Kunden leisten – und damit letztlich auch für das Unternehmen. Daher ist neben der sorgfältigen Personalauswahl die Personalbindung ein wichtiger Erfolgsbaustein für das Kundenservice-Center.

Welche Mitarbeiter braucht ein Kundenservice-Center?

Hohe Ansprüche

Die typische Arbeit im Kundenservice-Center, nämlich Telefonate am Fließband bearbeiten, gehört zu einem Großteil der Vergangenheit an. Der Anspruch an die Mitarbeiter wird immer höher, die Aufgaben werden immer vielfältiger und komplexer. Der Trend geht weg von der Fließbandarbeit und hin zur qualifizierten telefonischen Sachbearbeitung.

Softskills und Hardskills

Außergewöhnliche Kompetenzen

Mitarbeiter im Kundenservice-Center sind heutzutage häufig außergewöhnliche Persönlichkeiten, die über außergewöhnliche Kompetenzen verfügen, wie etwa:

- Routine-Toleranz
- Stress-Resistenz
- Lebenserfahrung und
- Erfahrung im Umgang mit Geschäftskunden.

Skill-Definitionen

Welche Voraussetzungen sollten also Mitarbeiter eines Kundenservice-Centers mitbringen? Es wird in Softskills und Hardskills unterschieden. Unter Softskills verstehen wir Eigenschaften, die die Persönlichkeit betreffen und oft schlecht messbar sind, weil sie individuell wahrgenommen werden. Unter Hardskills verstehen wir Eigenschaften, die konkret nachweisbar sind, wie zum Beispiel gute Windows-Kenntnisse oder Sprachkenntnisse. Tabelle 9 listet einige Skills auf.

Softskills	**Hardskills**
▪ Spaß am Telefonieren	▪ PC-Erfahrung (Anwendung der gängigen Microsoftprodukte und Internet)
▪ Empathie (Fähigkeit, sich in andere hineinzuversetzen)	▪ lebendige Stimme (angeboren)
▪ hohe Lernbereitschaft	▪ Erfahrung im Umgang mit der Telefonanlage
▪ Teamorientierung	▪ Erfahrung im Umgang mit einem gängigen CRM-System
▪ flexibel auf neue Situationen einstellen	
▪ kommunikative Kompetenz	
▪ entscheidungsfreudig	
▪ belastbar	

Tabelle 9: Softskills und Hardskills: eine Auswahl

„Versteckte" Softskills

Bei den Softkills handelt es sich zu einem großen Teil um sogenannte „versteckte", also nicht „offizielle", und schwer greifbare Kompetenzen. Zunehmend spielt sogar eine eigentlich ganz aus der Mode gekommene „versteckte" Kompetenz eine Rolle, nämlich die Lebenserfahrung.

Chance für Quereinsteiger

„Mitarbeiter im Kundenservice-Center" – ein Vorteil dieses Berufs ist, dass auch Quereinsteiger eine Chance haben. Leider ist es in Deutschland immer noch so, dass häufig nur eine nachweisbare Qualifikation von den Arbeitgebern honoriert wird. Daher werden die Arbeitsplätze im Kundenservice-Center teilweise nicht angemessen vergütet. Und das, obwohl der Beruf sehr anspruchsvoll ist und auch nicht von jedem geleistet werden kann. Das Institut für Psychologie, Arbeits- und Organisationspsychologie an der Goethe-Universität Frankfurt am Main hat Untersuchungen in Kundenservice-Centern (Call-Center) durchgeführt und herausgefunden, dass diese Arbeit vor allem Emotionsarbeit ist.

Die „emotionale Dissonanz"

Das bedeutet: Mitarbeiter bewegen sich im Spannungsfeld zwischen gefühlter Emotion und gezeigter Emotion. Selbst wenn sie sich nicht wohl fühlen, Stress mit dem Partner oder mit Freunden haben, müssen sie freundlich am Telefon sein. Sie dürfen ihre Emotionen nicht immer zeigen. Und das strengt an!

„Vorgeschriebenes" Lächeln

Hinzu kommt: Oft wird in den Kundenservice-Centern das Lächeln vom Vorgesetzten reguliert und vorgeschrieben. Bestimmte Emotionen müssen auch dann gezeigt werden, wenn sie gar nicht vorhanden sind. Das gilt etwa für das berühmt-berüchtigte „Lächeln mit der Stimme". Es gibt Regeln, nach denen der Mitarbeiter bestimmte Emotionen zeigen muss.

Emotionale Arbeit

Man spricht hier auch von der „emotionalen Dissonanz". In zwei Studien der Goethe-Universität Frankfurt wurde (unter anderem) dieser Aspekt der Call-Center-Arbeit sorgfältig untersucht. Und in einem Artikel der Zeitschrift „Computer-Fachwissen" (Ausgabe 11/2002) wird „emotionale Arbeit" beschrieben als „bezahlte Arbeit, bei der die Regulation der eigenen Gefühle erforderlich ist, um nach außen mit Mimik, Stimme und Gestik ein bestimmtes Gefühl zum Ausdruck zu bringen, unabhängig davon, ob dies mit den inneren Empfindungen übereinstimmt oder nicht."

Hohe Belastung

Belastender Effekt der Emotionsarbeit ist, dass Kunden die Mitarbeiter anbrüllen, arrogant oder besserwisserisch agieren. Die Mitarbeiter müssen ihre Gefühle unterdrücken. Das kann zu psychischen Belastungen führen. Um dies zu vermeiden, ist ein praxisnahes Training unabdingbar. Im Training lernen die Mitarbeiter, mit Stress umzugehen und die Angriffe der Kunden nicht als persönliche Angriffe zu werten.

Die Untersuchungen zeigen, dass die Mitarbeiter in Kundenservice-Centern einer hohen emotionalen Belastung ausgesetzt sind. Daher ist es sehr wichtig, ein gutes (Arbeits)Umfeld für sie zu schaffen.

Welche Mitarbeiter braucht ein Kundenservice-Center?

Koukou weiß nun:
Das Kundenservice-Center braucht Mitarbeiter mit hoher emotionaler Intelligenz. Da der Mitarbeiter die Säule des Kundenservice-Centers ist, sollte durch Umfeld, Ausstattung und gute Führung für ein gutes Betriebsklima gesorgt werden.

Koukou fragt sich im Blog:
Wenn ich richtig verstanden habe, braucht es für diese Arbeit spezielle Mitarbeiter. Aber woher weiß die Personalabteilung, welche Mitarbeiter sie suchen soll, wie sie die Mitarbeiter findet und vor allem wie die Mitarbeiter an das Unternehmen gebunden werden können?

Wie finde ich die „richtigen" Mitarbeiter?

Kompetenzen festlegen

Im ersten Schritt wird eine Personalstrategie entwickelt. Dabei müssen Stellenbeschreibungen und Anforderungsprofile entworfen werden. Erst wenn die Personalabteilung weiß, welche Mitarbeiter sie suchen soll und über welche Kompetenzen diese verfügen sollen, kann sie im zweiten Schritt die Entscheidung über die Mitarbeitersuche und Mitarbeiterauswahl treffen.

Eine Personalstrategie erstellen

Verantwortlichkeiten und Rollen

Die Personalstrategie wird gemeinsam mit der Personalabteilung festgelegt. Die Personalstrategie ist die Grundlage für die weitere Rekrutierung von Mitarbeitern im Kundenservice. Sie sollte jederzeit den veränderten Gegebenheiten im Kundenservice angepasst werden können. Zunächst einmal aber muss man sich einen Überblick über die Verantwortlichkeiten und Rollen verschaffen – siehe dazu die Abbildung 10.

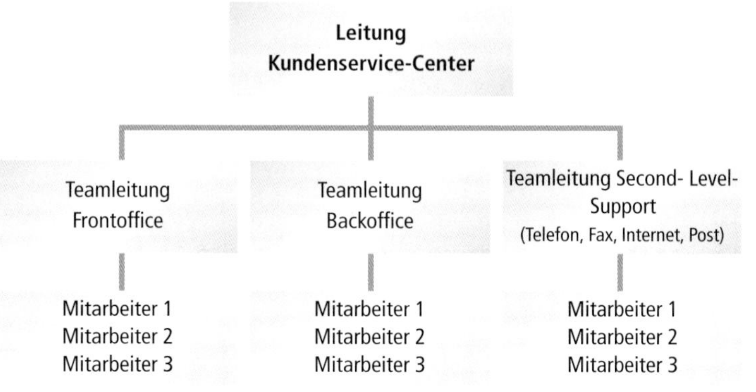

Abbildung 10: Rollen und Verantwortlichkeiten im Kundenservice-Center

Organigramm erstellen

In einem Organigramm wird festgelegt, wer an wen berichtet und welche Mitarbeiter welchem Bereich zugeordnet sind. Angenommen, das Kundenservice-Center hat 100 Mitarbeiter und es gibt eine gleichmäßige Aufteilung im Frontoffice und Backoffice. Dann kommt der Second-Level-Support in der Regel mit weniger Mitarbeitern aus. Die empfohlene Struktur hierfür ist:

- Leiter Kundenservice-Center
- Für den Bereich Frontoffice sind drei Teamleiter für jeweils 15 Mitarbeiter verantwortlich.
- Für den Bereich Backoffice sind drei Teamleiter für jeweils 15 Mitarbeiter verantwortlich.
- Für den Bereich Second-Level-Support ist ein Teamleiter für zehn Mitarbeiter verantwortlich.

Ein Teamleiter sollte maximal 15 Mitarbeiter führen. Die ideale Teamgröße liegt bei zwölf Mitarbeitern.

Anhand der Rollen und Verantwortlichkeiten werden nun die Stellenbeschreibungen und Anforderungsprofile beispielhaft dargestellt:

Die Stellenbeschreibung

Aufgaben genau beschreiben

Die Stellenbeschreibung ist eine personenneutrale Aufgabenbeschreibung. Sie beinhaltet Ziele, Aufgaben und Kompetenzen. Außerdem regelt sie die Stellvertretung – die Tabellen 10 und 11 zeigen Beispiele.

Kundenbetreuung (Frontoffice)	
Lokation	■ noch nicht bekannt
Zweck der Stelle	■ telefonische Betreuung der Kunden rund um Fragen zu Produkten und Dienstleistungen ■ allgemeine Serviceanfragen
Kernaufgaben	■ Kundenanfragen kompetent und schnell beantworten ■ Recherchen für den Kunden betreiben ■ Problembearbeitung ■ Lösungen für den Kunden erarbeiten und umsetzen ■ Lösungen in das Team tragen
Art der Umsetzung	■ jederzeit den Dienstleistungsgedanken leben ■ schnelle und unbürokratische Erledigung der Kundenwünsche ■ Mitgestaltung und Einhaltung der Qualitätsstandards
vorgesetzte Stelle	■ Teamleiter
Stellvertretung	■ Teamkollege

Tabelle 10: Stellenbeschreibung im Kundenservice-Center – Kundenbetreuer

Teamleitung (Frontoffice)	
Lokation	■ noch nicht bekannt
Zweck der Stelle	■ sicherstellen eines qualitativ sehr hochwertigen Kundenservice ■ Planung und Koordination des täglichen Einsatzes der Mitarbeiter im Call-Center oder im Backoffice ■ Mitarbeiter bei ihrer täglichen Arbeit unterstützen
Kernaufgaben	■ überwachen des täglichen Betriebes in der Qualität sowie Quantität ■ Motivation der Mitarbeiter ■ Führen des Teams ■ Erstellen von Statistiken ■ bei schwierigen Kunden auch mal selbst telefonieren

Art der Umsetzung	▪ jederzeit den Dienstleistungsgedanken leben ▪ „Offene Tür"-Philosophie (bei Problemen etc. jederzeit ansprechbar) ▪ Mitgestaltung und Einhaltung der Qualitätsstandards
vorgesetzte Stelle	▪ Leiter Service-Center
Stellvertretung	▪ Teamkollege

Tabelle 11: Stellenbeschreibung im Kundenservice-Center – Teamleiter

Das Anforderungsprofil

Anforderungen festlegen

Im Anforderungsprofil werden die Fähigkeiten und die Eigenschaften, die ein Mitarbeiter mitbringen soll, festgelegt. Passend zu den Stellenbeschreibungen zeigen die Tabellen 12 und 13 die Anforderungsprofile für den Mitarbeiter im Frontoffice sowie das Anforderungsprofil des Teamleiters.

Kundenbetreuung (Frontoffice)	
Berufsausbildung	▪ abgeschlossene kaufmännische Ausbildung
fachliche Voraussetzung	▪ gute Allgemeinbildung ▪ Fähigkeit, Zusammenhänge zu erkennen – Kundenbedürfnisse – Kundenprobleme – Reklamationsgründe
Sprachkenntnisse	▪ einwandfreies Hochdeutsch ▪ eventuell weitere Sprachen
berufliche Erfahrung	▪ Bearbeitung von kaufmännischen Themen ▪ PC-Erfahrung
Persönlichkeits-merkmale	▪ Spaß am Telefonieren ▪ Flexibilität ▪ ausgeprägte Teamfähigkeit ▪ Belastbarkeit ▪ Entscheidungsfreudigkeit ▪ Freude am Verkaufen

kommunikative Kompetenz	Empathie (Fähigkeit, sich in andere hineinzuversetzen) Reklamationen positiv aufnehmen kommunikativ lebendige Stimme
ergänzende Bemerkungen	hoher Dienstleistungsgedanke, der im Team gelebt wird Bereitschaft zu flexiblen Arbeitszeiten, inklusive Samstagsarbeit

Tabelle 12: Anforderungsprofil im Kundenservice-Center – Kundenbetreuer

Teamleitung (Frontoffice)	
Berufsausbildung	abgeschlossene Berufsausbildung vier bis fünf Jahre Berufserfahrung bereits Erfahrungen in einem Kundenservice-Center gesammelt
fachliche Voraussetzung	gute Allgemeinbildung gute Kenntnisse der Abläufe und Prozesse gutes Organisationstalent
Sprachkenntnisse	einwandfreies Hochdeutsch in Wort und Schrift gutes Englisch in Wort und Schrift
berufliche Erfahrung	fundierte Kenntnisse in Telekommunikationstechnik und PC mindestens zwei Jahre ein kleines Team geführt
Persönlichkeits-merkmale	kooperativer Führungsstil Flexibilität ausgeprägte Teamfähigkeit hohes Einfühlungsvermögen in Bezug auf Kunden und Mitarbeiter Durchsetzungsvermögen Entscheidungsfreudigkeit
kommunikative Kompetenz	Empathie (Fähigkeit, sich in andere hineinzuversetzen) Integrationsfähigkeit rhetorisch gut geschult überzeugendes Vermitteln von Anforderungen und Neuerungen
ergänzende Bemerkungen	hoher Dienstleistungsgedanke, der im Team gelebt wird Erfolge und positive Eindrücke vermitteln und teilen können Bereitschaft zu flexiblen Arbeitszeiten, auch Samstagsarbeit

Tabelle 13: Anforderungsprofil im Kundenservice-Center – Teamleiter

Soziale Kompetenz wichtig

Die Beschäftigungsarten

Zunächst einmal soll betont werden: In einem Kundenservice-Center ist vor allem die soziale Kompetenz wichtig. Alles andere ist erlernbar.

Nachdem die Stellenprofile und die Anforderungsprofile erstellt sind, wird die Art der Beschäftigung festgelegt. Es gibt folgende Arten:

- Vollzeit
- Teilzeit und geringfügige Beschäftigung
- studentische Kräfte
- Arbeitnehmerüberlassung

Beschäftigungs-Mix

Ein Mix aus Vollzeit-, Teilzeit- und studentischen Kräften ist empfehlenswert. Mit Vollzeit-Mitarbeitern wird die Hauptarbeit, die in einem Kundenservice-Center anfällt, abgedeckt. Die Teilzeitkräfte und Studenten decken die Stoßzeiten und die Randzeiten wie das Wochenende, Abend- und Nachschichten sowie Feiertage ab. Stark frequentierte Zeiten sind in der Regel vormittags zwischen 8:00 und 13:00 Uhr und nachmittags zwischen 15:00 und 17:00 Uhr. Wichtig ist, dass ein fester Mitarbeiterstamm vorhanden ist, aber das Unternehmen trotzdem flexibel agieren kann.

Die Arbeitnehmerüberlassung sollte die letzte Alternative sein. Grund hierfür ist, dass die Mitarbeiter keinen Vertrag mit dem Unternehmen schließen, für die gleiche Arbeit weniger Gehalt bekommen und somit von den Kollegen nicht als gleichwertig anerkannt werden. Die Zusammenarbeit im Team, die notwendig wäre, gestaltet sich dann schwierig.

Die Arbeitszeitmodelle

Schwankungen berücksichtigen

Die Arbeit im Kundenservice-Center unterliegt starken Schwankungen. Um flexibel darauf regieren zu können, ist es sinnvoll, über neue Arbeitszeitmodelle nachzudenken.

Die Gehaltsstruktur

Streitigkeiten vermeiden

Um Streitigkeiten zwischen Mitarbeitern einerseits und zwischen Geschäftsleitung und Mitarbeitern andererseits von vornherein zu vermeiden, sollte die Gehaltsstruktur klar und transparent sein.

Die in Tabelle 14 angegebenen Werte sind ein Vorschlag, wie dies gelingen kann. Die Gehaltstabelle bezieht sich auf ein Kundenservice-Center, das sich in einer Großstadt in Westdeutschland befindet und nicht gefördert wird. Es handelt sich um ein Kundenservice-Center für Inbound-Anrufe.

Berufsbild	Einkommen pro Monat	Berufserfahrung
Agent	€ 1.600,– bis € 2.000,–	> ein bis zwei Jahre
Teamleiter	€ 2.500,– bis € 3.000,–	> zwei Jahre
Supervisor	€ 3.250,– bis € 3.500,–	> drei Jahre
Projektleiter	€ 3.750,– bis € 4.000,–	> drei bis vier Jahre
Manager	€ 4.500,– bis € 5.000,–	> fünf Jahre

- Wochenrahmenarbeitzeit: 35 bis 40 Stunden
- 25 bis 30 Tage Urlaub (auf Basis einer Fünftagewoche)
- ggf. zzgl. Bonus-/Incentivesysteme (Bonus fünf bis zehn Prozent p. a. on top)
- ggf. variabler Gehaltsanteil (20 bis 30 Prozent p. a.)

Tabelle 14: Mögliche Gehaltsstruktur im Kundenservice-Center

Einflussgrößen auf Gehaltsstruktur

Leider werden bei Ausschreibungen oft Äpfel mit Birnen verglichen. Da sich viele Kundenservice-Center an geförderten Standorten befinden, können sie ganz andere Preise anbieten. Außerdem geben die Betreiber den Förderpreis pro Mitarbeiter nicht an die Mitarbeiter weiter. Das heißt, an geförderten Standorten ist die Struktur schwach und die Mitarbeiter sind froh, überhaupt einen Job zu haben. Sie arbeiten daher für sehr wenig Geld und sind dann nicht wirklich motiviert. Da beißt sich die Katze in den Schwanz: Schlecht bezahlte Mitarbeiter sind unmotiviert und bieten schlechten Service. Bei schlechtem Service gehen die Kunden stiften.

Rekrutierungsformen: Mitarbeiter finden

Schritte der Mitarbeiterauswahl

Um die Mitarbeiter professionell und erfolgreich zu rekrutieren, braucht es die folgenden Schritte zur Personalauswahl:
- Erstellen einer Stellenbeschreibung
- Anforderungsprofil festlegen
- Stelle ausschreiben (Zeitung, Radio, Aushang an der Uni, Arbeitsagentur)
- Telefoninterviews durchführen (Vorauswahl treffen)
- Durchführen eines Assessment-Centers
- persönliches Gespräch führen

Szenarien zur Mitarbeitersuche

Oft ist zu Beginn der Personalsuche noch nicht klar, ob ein Teil des Kundenservice-Centers an externe Dienstleister ausgelagert werden soll. Darum sollen nun zwei Szenarien beschrieben werden:
- *Szenario 1 – Vergabe an einen externen Dienstleister:* Wenn die Dienstleistung extern vergeben wird, steht das Personal in der Regel schon zur Verfügung. Fällt also die Wahl auf einen externen Dienstleister, werden gemeinsam mit dem Management persönliche Interviews mit den potentiellen Mitarbeitern durchgeführt bzw. das Personalauswahlverfahren mit dem Dienstleister gemeinsam durchgeführt. Es muss nur noch eine Feinselektierung vorgenommen werden.
  Ausnahme: Das Unternehmen rekrutiert unter eigenem Namen Mitarbeiter und nutzt bei dem externen Dienstleister die bestehende Infrastruktur. Dann erfolgt das gesamte Personalauswahlverfahren wie weiter unten angegeben. Der externe Dienstleister unterstützt das Unternehmen bei der Auswahl.
- *Szenario 2 – Vergabe an ein Kundenservice-Center im eigenen Haus:* Entscheidet sich das Unternehmen, das Kundenservice-Center im Hause aufzubauen, wird ein umfangreiches Personalauswahlverfahren durchgeführt. Die Personalabteilung unterstützt bei der Rekrutierung und der Vertragsgestaltung.

Die Rekrutierungsmedien

Methoden der Mitarbeitersuche

In der Praxis werden drei Wege genutzt, Mitarbeiter zu finden:
- *innerhalb des Unternehmens:* Die Stelle wird intern ausgeschrieben. Leider gestaltet es sich oft sehr schwierig, innerhalb des Unternehmens Personal für das Kundenservice-Center zu finden, weil die Tätigkeit mit einem schlechten Image zu kämpfen hat.

- *Zeitung, Radio, Aushang an der Uni, Arbeitsagentur:* Über lokale Zeitungen und auch im Radio werden Annoncen oder Spots geschaltet. Die Bewerber werden gebeten, telefonisch den Erstkontakt herzustellen. Es wird keine Adresse bekannt gegeben. Wichtig hierbei ist es, die Ferienzeiten zu berücksichtigen. Die Personalsuche über die Arbeitsagentur ist oft wenig erfolgreich. Bei der Suche nach studentischen Aushilfen hilft natürlich der Aushang an der Universität.
- *externe Personalagentur:* Sollte es bei der Schaltung der Annoncen oder Radiospots zu wenig Feedback geben, ist das Einschalten einer Personalagentur eine gute Alternative. Diese kann in der Regel Personal schnell zur Verfügung stellen. Wichtig ist aber, diese Mitarbeiter ebenfalls durch ein eigenes Assessment-Center laufen zu lassen.

Die Vertragsgestaltung

Verträge ausarbeiten

Idealerweise wird pro Mitarbeiter ein Zeitkonto eingerichtet. Dies wird im Vertrag festgelegt. Das Management kann die Mitarbeiter dann entsprechend der Arbeitslast einsetzen und flexibel reagieren. Auch den Mitarbeitern ist so eine flexible Handhabung der Arbeitszeit möglich – sie können etwa private Angelegenheiten regeln oder die Zeit anderweitig nutzen. Besonders wichtig ist es, dass die Teamleiter und die Leitung des Service-Centers einen aktuellen Einblick in die Stundenkonten haben. Dies kann mit Hilfe eines Personaleinsatzplanungstools geregelt werden.

Vertragsbestandteile

Folgende Elemente gehören in den Vertrag:
- Beginn der Tätigkeit
- Beschreibung der Tätigkeit
- Arbeitszeit (inklusive der Schichten), Zeitkonto
- Vergütungen, sonstige Leistungen
- Abtretungen und Verpfändungen des Arbeitseinkommens
- Arbeitsverhinderung, Lohnfortzahlung im Krankheitsfall bzw. Todesfall
- Urlaub
- Regelung bei Nebenbeschäftigungen
- Beendigung des Arbeitsverhältnisses
- Vorschüsse und Darlehen

- Erfindungen
- Schweigepflicht
- Sicherheitsrichtlinien
- Abtreten von Schadenersatzforderungen
- Verfallfristen
- Haftung
- Zurückbehaltungsrecht
- Gerichtsstand und Erfüllungsort

Das Personal auswählen und einstellen

Das Personalauswahlverfahren unterteilt sich in

- Telefoninterviews (Vorselektion)
- Assessment-Center mit persönlichen Interviews

Personalsuche mit Telefoninterview

Telefonische Vorauswahl

Dieses Auswahlverfahren ermöglicht eine objektive Bewertung der Fähigkeiten des Bewerbers. Bei der telefonischen Vorauswahl erfährt man einiges über seine Ausstrahlung und Wortwahl. Das Telefonat mit ihm lässt Rückschlüsse auf sein späteres Arbeitsverhalten zu.

Interviewbogen als Arbeitsinstrument

Mit einem definierten Interviewbogen wird das Telefonat mit dem Bewerber geführt. Diese Methode erlaubt es, ungeeigneten Kandidaten frühzeitig auf die Spur zu kommen. Das ist kostengünstig und effizient. Zudem kann so die kommunikative Kompetenz überprüft werden:

- Wie reagieren die Bewerber auf gezielte kritische Fragen?
- Wie stellt der Bewerber sich selbst dar?
- Wie deutlich artikuliert sich der Bewerber?
- Wie breit ist sein Sprachschatz (rhetorische Fähigkeiten)?
- Wie ist die Gesprächsatmosphäre?
- Wie konzentriert ist der Bewerber?

Telefoninterview durchführen

Außerdem ist am Telefon sofort hörbar, ob ein Bewerber eine angenehme Stimme hat, Dialekt spricht und über eine deutliche Artikulation und Modulation verfügt. Die Tabelle 15 zeigt idealtypisch, was bei einem Telefoninterview beachtet werden sollte.

Firmenlogo	**Telefoninterview Mitarbeiter Kundenservice**		
Seite 1	Erstellt von:	Stand:	Freigegeben am:

Guten Tag, mein Name ist … von der Firma…

Sie haben sich bei uns beworben. Ich bin verantwortlich für die Personalauswahl und möchte Ihnen gern telefonisch ein paar Fragen stellen:

1. Was haben Sie bisher gemacht? Welche Tätigkeit üben Sie zurzeit aus?
2. Was gehört dabei zu Ihren Aufgaben?
3. Aus welchen Gründen möchten Sie gern diese Aufgabe innerhalb unseres Kundenservice-Centers übernehmen?
4. Was reizt Sie an dieser Aufgabe besonders?
5. Es handelt sich bei der Tätigkeit bei uns um eine Aufgabe mit Kundenkontakt. In welchem Umfang hatten Sie in Ihrem bisherigen Berufsleben Kundenkontakt?
6. Herr/Frau …, Kundenservice-Center werden eingerichtet, um dem Kunden beispielsweise durch eine verbesserte Erreichbarkeit mehr Service zu bieten. Nun hängt guter Service allerdings auch stark vom Mitarbeiter ab. Welchen Hintergrund und welche Fähigkeiten sollte ein Kundenservice-Center-Mitarbeiter Ihrer Meinung nach mitbringen?
7. Wann wäre denn Ihre frühester Eintrittstermin?
8. Vielen Dank Herr/Frau …, jetzt sollen Sie natürlich auch Gelegenheit haben, alle Ihre Fragen, in Bezug auf eine Tätigkeit bei uns, zu stellen. Welche Fragen kann ich Ihnen beantworten?

- Geschlecht:
- Alter:
- Arbeitskapazität:
- Verfügbarkeit:
- Berufsausbildung:
- derzeitige Tätigkeit:
- stellenbezogene Kenntnisse:
- Gehaltsvorstellung:
- argumentative Kompetenz:
- Multimedia / PC-Kenntnisse:

Stimmlage	☐ hoch	☐ tief	☐ normal
Geschwindigkeit	☐ schnell	☐ langsam	☐ normal
Dialekt	☐ Ja	☐ Nein	
zuhören	☐ Ja	☐ Nein	

Tabelle 15: Leitfaden für ein Telefoninterview „Mitarbeiter Kundenservice"

Zielgerichtete Steuerung möglich

Mit diesem strukturierten Leitfaden kann das Telefoninterview zielgerichtet gesteuert werden. Die verschiedenen Gespräche und auch die Ergebnisse unterschiedlicher Interviewer sind gut miteinander zu vergleichen. Von Vorteil ist zudem, dass diese Methode erlaubt, eine persönliche Distanz zum Bewerber einzunehmen. Somit können die Gespräche objektiver beurteilt und die Antworten auf die genannten Fragen mit den Aussagen verglichen werden, die im Lebenslauf zu finden sind. Fragen, die die Bewerbungsunterlagen aufwerfen, werden im Telefoninterview geklärt.

Teamleiter gesucht

Für die Auswahl von Teamleitern gibt es ebenfalls einen strukturierten Leitfaden (Tabelle 16) für das Telefoninterview. Natürlich muss auch dieser Leitfaden dem jeweiligen Unternehmen und Geschäftsmodell sowie der Ausgangssituation angepasst werden.

Firmenlogo	**Telefoninterview Mitarbeiter Teamleiter**		
Seite 1	Erstellt von:	Stand:	Freigegeben am:
Name:			

1. Wie gehen Sie mit Konflikten innerhalb des Teams um?
2. Wie gehen Sie damit um, wenn Sie jemanden im Team haben, den Sie nicht leiden können?
3. Sie erhalten von „oben" eine Anweisung, hinter der Sie nicht stehen. Wie tragen Sie diese Anweisung ins Team hinein?
4. Was macht Ihnen am meisten Spaß im Job?
5. Was reizt Sie an der Führungsaufgabe?
6. Nennen Sie drei Punkte, die Sie an sich selbst gut finden, und drei Punkte, bei denen Sie Verbesserungspotential sehen.
7. Wir sind ein Unternehmen aus der (zum Beispiel) Multimediawelt. Welche Begriffe fallen Ihnen spontan zum Thema Multimedia ein?

- Hobbys?
- Stressbewältigung?
- Bemerkungen:

Tabelle 16: Leitfaden für ein Telefoninterview „Teamleiter"

Die folgenden Beispiele aus der Praxis zeigen, wie unterschiedlich Bewerber in einem Telefoninterview reagieren:

Bewerber reagieren unterschiedlich

Beispiel

Beispiel für eine Absage: *Es ist 12:00 Uhr und der Interviewer ruft einen Bewerber an. Der Bewerber meldet sich mit „Hallo". Nach Rückfrage, wer denn „Hallo" sei, kommt die Antwort: „Wer sind Sie denn?" Also gut, denkt der Interviewer, eine Chance bekommst du noch. Er stellt sich mit Namen und Unternehmensnamen vor und nennt den Grund des Anrufes. Der Bewerber fragt, ob der Interviewer noch mal in einer Stunde anrufen kann, weil er jetzt gleich Mittag essen muss. Der Interviewer bedankt sich für das Gespräch – und wird dort nie wieder angerufen. Der Bewerber hat eine standardisierte Absage erhalten.*

Beispiel

Beispiel für eine Einladung zum Assessment-Center: *Der Interviewer ruft einen Bewerber an. Der meldet sich mit einer fröhlichen Stimme und nennt seinen Vor- und Nachnamen. Hm, denkt sich der Interviewer, das ist ja nett. Nachdem er sich vorgestellt hat, fragt er den Bewerber, ob er Zeit für ein Telefoninterview habe. Na klar, so die Antwort. Irgendwie hat dieser Junge eine unkomplizierte und erfrischende Art. Das passt zu dem gewünschten Profil. Denn für ein Internetunternehmen braucht man genau diese Fähigkeit, nämlich eine aufgeschlossene Art.*
Die Fragen beantwortet der Bewerber schnell und geradeaus. Er fragt dann den Interviewer, ob er denn auch ein paar Fragen stellen dürfe. Gern, gibt ihm dieser zur Antwort. Er stellt Fragen zum Produkt, und ob es schon Mitarbeiter gäbe, und wenn ja, wie die denn so wären. Ihm sei ein nettes Team sehr wichtig. Auch das gefällt dem Interviewer, denn der Mitarbeiter, den er sucht, muss auf jeden Fall gern im Team arbeiten.
Klar – dieser Bewerber wird zum Assessment-Center eingeladen.

Ziel des Telefoninterviews ist es, Bewerber zu ermitteln, die Freude am Umgang mit Menschen ausstrahlen, Interesse am jeweiligen Gesprächspartner zeigen, gut zuhören können und durch Ehrlichkeit und Zuverlässigkeit überzeugen.

Personalsuche mit Hilfe des Assessment-Centers (AC)

Bewerber auf dem Prüfstand

Im Assessment-Center wird die fachliche und soziale Kompetenz der Bewerber intensiv getestet, in verschiedenen Belastungssituationen die Kommunikationsfähigkeit und Eigeninitiative abgefragt:

- Wie reagieren die Bewerber in der Gruppe?
- Wie stellt der Bewerber sich in der Gruppe selbst dar?
- Wie ist es um seine schriftlichen und telefonischen Fähigkeiten bestellt?
- Wie reagiert er auf Stress?

Vorgehensweise

Das Assessment-Center wird wie folgt durchgeführt:

- Zunächst stellt sich das Unternehmen vor, dann jeder Teilnehmer.
- Die Teilnehmer müssen schriftlich eine Reklamation bearbeiten.
- Es wird mit dem Teilnehmer ein Telefonat geführt.
- Es folgt ein persönliches Interview.

Beobachterfunktion im AC

Sinnvoll ist es, jeweils eine oder zwei Personen aus der Personalabteilung und dem Fachbereich als Beobachter hinzuzuziehen. Die Beobachter beurteilen den Bewerber mit Hilfe eines Kriterienkatalogs und achten besonders auf:

- Grundeinstellung des Bewerbers
- Motivationsstruktur
- Kommunikationsstruktur
- Handlungskompetenz
- Sozialkompetenz
- Denkstruktur

Individuelle Vorgehensweise

Bei jedem Unternehmen sind andere fachliche Kompetenzen gefragt. Beispielsweise sind für das Second Level in einer technischen Hotline entsprechende besondere fachliche Kenntnisse notwendig. Die Aufgaben im Assessment-Center sind dann so zu gestalten, dass diese speziellen Fachkenntnisse geprüft werden können. Die folgenden Beispiele aus der Praxis zeigen, wie eine Aufgabenstellung im AC abläuft und auf unterschiedliche Art und Weise bewältigt wird.

Beispiel 1: *Ein Beobachter mimt den Kunden und begibt sich hinter eine Wand, so dass der Bewerber ihn nicht sehen kann. Der Bewerber steht unter Stress, weil die anderen Beobachter mit im Raum sitzen und seine Vorgehensweise überprüfen.*
Es folgt ein Telefonat – dabei gilt immer: Die Themen für die Telefonate sind bewusst aus dem Alltag gegriffen, so dass sich die Bewerber nicht damit entschuldigen können, sie hätten nicht die notwendigen Fachkenntnisse, um ein erfolgreiches Gespräch zu führen.
Der Beobachter ruft also bei dem Bewerber an und beschwert sich, dass die Küche noch immer nicht geliefert wurde. Der Bewerber ist zwar nervös, reagiert aber freundlich, kompetent, preisbewusst und bleibt vor allem ruhig. Interessant ist, dass er den Beobachter fragt, was er sich denn wünsche. Der Beobachter zählt eine ganze Reihe von Wünschen auf, wie Rabatt, kostenlose Montage und Verdienstausfall. Humorvoll nimmt der Bewerber die Kundenwünsche zur Kenntnis – und akzeptiert zwei dieser Wünsche, nämlich die kostenlose Montage, zudem verspricht er dem Kunden einen Einkaufsgutschein über 25 Euro. Der Beobachter geht darauf ein und ist mit dem Lösungsvorschlag sehr zufrieden.
Dieser Bewerber hat ein Vertragsangebot bekommen.

Beispiel 2: *Die Ausgangssituation ist wie in Beispiel 1. Der Beobachter ruft an und beschwert sich. Der Bewerber ist sehr nervös und sagt am Telefon, er verfüge nicht über die Kompetenz, um zu helfen. Er wolle sich aber schlaumachen und sich dann melden.*
Aufgrund der Nervosität hat er natürlich nicht nach der Rückrufnummer gefragt.
In Ordnung, denkt der Beobachter, der arme Kerl ist sichtlich nervös. Der Beobachter schlüpft aus der Rolle des Kunden und sagt dem Bewerber, er solle ihn mit der Begründung zurückrufen, er habe sich kundig gemacht und könne nun eine Lösung vorschlagen. Doch was erwidert der Bewerber? Er möchte nicht zurückrufen, weil er nicht wisse, was er sagen soll.
Dieser Bewerber hat keinen Vertrag bekommen. Er ist nicht kreativ genug und nicht gewillt, für den Kunden eine Lösung zu erarbeiten. Außerdem ist er konfliktscheu.

Wie finde ich die „richtigen" Mitarbeiter?

Koukou weiß nun:
Wer gute Mitarbeiter finden will, benötigt eine Personalstrategie. Mit Hilfe eines umfangreichen Auswahlverfahrens ist es möglich, die „richtigen" Mitarbeiter aus der Schar der Bewerber herauszufiltern.

Koukou fragt sich im Blog:
Das ist ja ein umfangreiches Auswahlverfahren. Das hätte ich nicht vermutet. Umso wichtiger ist es also, die Mitarbeiter dann auch zu halten. Wie aber werden die Mitarbeiter an das Unternehmen gebunden?

Wie binde ich die Mitarbeiter langfristig an das Unternehmen?

Mitarbeiter gewinnen – und halten

Bei der Mitarbeitereinstellung wird viel Aufwand betrieben. Ärgerlich ist es darum, wenn sich nach der Einstellung zeigt, dass Mitarbeiter und Unternehmen doch nicht zusammenpassen. Daher ist eine gute Einarbeitung der erste Schritt, um die Mitarbeiter langfristig an das Unternehmen zu binden.

Einarbeitung durch Training

Der Trainingsplan

In der Regel dauert eine praxisnahe Einarbeitungsphase mit intensiven Rollenspielen und „Training on the job" vier bis fünf Wochen. Solch ein Training ermöglicht eine schnelle und erfolgreiche Umsetzung in die Praxis. Die einzelnen Trainingsbausteine werden inhaltlich, methodisch und didaktisch aufeinander abgestimmt.

Methodenvielfalt im Training

Ein professionelles Training zeichnet sich durch seine Methodenvielfalt aus. Im Vordergrund der Trainings stehen Gruppenarbeit, moderierte Diskussionen, Rollenspiele und Fallbeispiele. Dieser erlebnisorientierte Methoden-Mix garantiert, dass der Bewerber das erworbene Wissen schnell in das eigene Verhaltensrepertoire integriert. Im Folgenden sind die wichtigsten Komponenten des Trainings dargestellt.

Welcome Day

Am Welcome Day lernen die Mitarbeiter das Unternehmen kennen. Dazu gehören natürlich auch die Rechte und Pflichten eines Mitarbeiters. Nach diesem Tag erhalten die Mitarbeiter ein kleines Handbuch, das als Leitfaden dient. Dort sind die Ansprechpartner verzeichnet, zudem enthält es einige wichtige Tipps.

„Philosophie"-Workshop

Am zweiten Tag steht ein Workshop zur Service-Center-Philosophie auf dem Programm. Die neuen Mitarbeiter erstellen in einer Gruppenarbeit ihre eigene Service-Philosophie. Gemeinsam entscheiden sie sich für maximal zehn Kernaussagen. Diese müssen natürlich mit der grundsätzlichen Philosophie des neuen Arbeitgebers übereinstimmen. Diese Kernaussagen erhält jeder Mitarbeiter in gedruckter Form als sogenannte Service-Bibel. Dieser Tag ist deshalb wichtig, weil die Mitarbeiter eher dann hinter einer Unternehmensphilosophie stehen, wenn sie an deren Ausarbeitung beteiligt sind.

Produktkenntnisse erwerben

Am nächsten Tag erfahren die Mitarbeiter alles Wissenswerte über die Produkte des Unternehmens. Außerdem erhalten sie eine Argumentationshilfe, mit der sie Kunden davon überzeugen können, diese Produkte gerade bei diesem Unternehmen zu kaufen.

Prozesse kennen lernen

Es folgen drei Tage, an denen die Mitarbeiter ausführlich in die Prozesse und deren Abläufe eingeführt werden. Nach den drei Tagen kennen die Mitarbeiter alle Schnittstellen und wissen, „was ist zu tun, wenn …"

EDV kennen lernen

Nach drei weiteren Tagen können die Mitarbeiter die gelernten Prozesse und Abläufe auch in die EDV umsetzen. Außerdem beherrschen sie die Anwendung der Telefontechnik. Sie können sich im Telefonsystem einloggen und kennen die einzugebenden Codes.

Telefon-Training

In einem zweitägigen Basistraining „Telefonie" erlernen die Teilnehmer die wesentlichen Grundlagen des serviceorientierten Umgangs mit den Kunden:

- Meldeformel „Die Visitenkarte am Telefon"
- Kommunikationsregeln
- professionelles Verhalten am Telefon (Telefon-Knigge)
- Gestik, Mimik und Haltung am Telefon

- Phonetik
- Einführung in die Fragetechnik
- Telefonat führen

FAQ durchnehmen

An den nächsten zwei Tagen stehen die FAQ (Frequently asked questions – zu deutsch: häufig gestellte Fragen der Kunden) im Mittelpunkt. Nun haben die Mitarbeiter einen guten Gesamtüberblick über ihr Tätigkeitsfeld. Zusätzlich erhalten sie eine einfache Einführung ins Internet und das Intranet, um einfache Kundenfragen direkt beantworten zu können.

Training on the job

Jetzt endlich können die Mitarbeiter im „Training on the job" das Gelernte in die Tat umsetzen. Fünf Tage lang steht ihnen der Trainer oder ein Pate tatkräftig zur Seite und unterstützt sie direkt am Arbeitsplatz.

Aufbauseminar „Telefon-Training"

In dem zweitägigen Aufbauseminar „Telefonie" schließlich werden die unterschiedlichen Kundentypen behandelt. Die Mitarbeiter erfahren, wie man typenspezifisch mit ihnen umgeht. Sie werden beim Telefonieren mit einer Video-Kamera gefilmt. Jeder sollte mindestens einmal in beide Rollen (Kunde und Kundenbetreuer) geschlüpft sein. Anschließend werden Mimik, Haltung und Gestik analysiert. Die Gruppe und der Trainer geben jedem Teilnehmer ausführliches und konstruktives Feedback.

Unterstützendes Coaching

Zur Qualitätssicherung sollte regelmäßig ein Coaching durchgeführt werden. Es gibt zwei Arten des Coachings:

- Wie schon erwähnt, sitzt beim Onsite-Coaching der Coach neben dem Mitarbeiter und hört mit einem zweiten Kopfhörer zu. Der Coach gibt anschließend Feedback.
- Beim Monitoring loggt sich der Coach oder Teamleiter in das laufende Gespräch ein und hört mit. Dies sollte eine institutionelle Einrichtung des „daily business" zur Qualitätssicherung sein.

Aber Achtung: Der Kunde muss vor Beginn des Gespräches darüber informiert werden, dass das Gespräch mitgehört oder sogar mitgeschnitten wird, und er muss sich auch damit einverstanden erklären.

In der Startphase wird nach den Schulungen das Gelernte im täglichen Geschäft überprüft. Aber natürlich dient das Coaching vor allem der Unterstützung des Mitarbeiters. Pro Mitarbeiter wird ein halber Tag Coaching veranschlagt.

Das Gelernte anwenden

Wenn ein Unternehmen diesen Trainingsplan einhält, investiert es ca. 20 Tage Schulung pro Mitarbeiter. Das ist eine hohe Investition. Gerade bei Teilzeitkräften oder Studenten kann die Einarbeitung mehrere Monate dauern. Sie bindet dann die Schulungsabteilung oder andere Mitarbeiter, die von ihrem Tagesgeschäft freigestellt werden müssen, um die Einarbeitung der neuen Mitarbeiter zu unterstützen. Eine Alternative besteht darin, die Einarbeitung stets mit einem festen Mitarbeiterstamm zu bestreiten.

Hoher Schulungsaufwand

In vielen Kundenservice-Centern wird der Personalsuche und der Einarbeitung neuer Mitarbeiter zu wenig Aufmerksamkeit gewidmet. Schlecht vorbereitete und darum häufig auch demotivierte Mitarbeiter, die ihre Aufgabe nicht genau genug kennen, sind die Folge.

Mitarbeiter durch Personalentwicklungsmaßnahmen binden

Eine qualifizierte Schulung und Einarbeitung hilft, Mitarbeiter ans Unternehmen zu binden. Denn so sind diese in der Lage, ihre Aufgaben optimal zu erfüllen – und das macht Spaß und erhöht die Zufriedenheit. Und wer zufrieden ist, bleibt. Mitarbeiter brauchen aber auch Perspektiven. Darum ist es notwendig, Personalentwicklungsmaßnahmen durchzuführen, durch die die Mitarbeiter gefördert werden.

Mitarbeiter fördern

Um gute Kundenservice-Center-Mitarbeiter zu finden und zu halten, ist es wichtig, ihnen einen Entwicklungspfad aufzuzeigen. Die Entwicklung geht vom Telefonmitarbeiter hin zum:

Entwicklungsmöglichkeiten aufzeigen

- Senior-Mitarbeiter: Unterstützung und Einarbeitung neuer Kollegen
- Teamleiter: Führen von kleinen Teams

- Supervisior: Planen, Reporten und Führen der Teamleiter
- Kundenservice-Center Manager: Übernahme strategischer Aufgaben

Entwicklungsprogramm aufzeigen

Gerade Mitarbeitern mit hohem Potential müssen Entwicklungswege aufgezeigt werden – ein Entwicklungsprogramm sollte folgende Faktoren umfassen:

- Mitarbeiterbetreuung (Konfliktmanagement, Kommunikationstechniken, Feedbackregeln)
- Kennenlernen der Tätigkeiten der nächsthöheren Position (durch „über die Schulter schauen")
- schrittweise Übernahme von Verantwortung durch Urlaubsvertretung, Vertretung im Krankheitsfall und Führung von Randschichten
- Einarbeitung neuer Mitarbeiter, Multiplikatoren-Training (nur fachlich)
- Erlernen der Projekt- und Konzeptionsarbeit

Voraussetzungen für Förderung

Idealerweise legt jedes Unternehmen Kriterien fest, die erfüllt sein müssen, damit ein Mitarbeiter weiterentwickelt und gefördert werden kann – zum Beispiel:

- Unternehmenszugehörigkeit von einem Jahr
- keine zusätzliche Qualifikation erforderlich (Studium, berufliche Ausbildung)
- Mitarbeiter mit sehr hohem Potential und guter Performance
- Teilnahme an einem kleinen strukturierten Interview
- überdurchschnittliche Zielerreichung (100 bis 110 Prozent)
- Coachingbewertung besser als Note „2"
- hervorragende Produkt- und Systemkenntnisse
- geringer Krankenstand (wenige als zwei Tage im Jahr)

Mitarbeiter bewerten

Tabelle 17 zeigt das Beispiel einer Mitarbeiterbewertung.

Bewertung	1	2	3	4	Anmerkung:
Teamfähigkeit			X		Arbeitet mit anderen respektvoll und wertschätzend zusammen
Kundenorientierung				X	Schöpft sämtliche zur Verfügung stehende Möglichkeiten aus, um die Kundenwünsche zu bearbeiten
Lernfähigkeit				X	Ist Neuem gegenüber offen und aktualisiert täglich selbstständig seinen Wissensstand
Zielorientierung			X		Verfolgt mit hoher Einsatzbereitschaft konsequent die Ziele
Kommunikationsstärke				X	Äußert sich mit sachlichen und verständlichen Beiträgen in Teammeetings und nimmt aktiv am Meetinggeschehen teil, kommuniziert offen und direkt und nimmt Rücksicht auf andere
Kritikfähigkeit			X		Spricht Kritik und Probleme offen an und greift kritische Punkte aktiv auf. Begreift Konflikte als Chance zur Weiterentwicklung und kann deswegen eigene Fehler und Schwächen reflektieren
Verantwortungsbewusstsein				X	Herausragendes Verhalten im Tagesgeschäft
Zuverlässigkeit			X		Hält Ziele und Vereinbarungen verbindlich ein und ist jederzeit einsatzbereit
Unternehmerisches Denken und Handeln			X		Orientiert sich bei seinem Handeln an Effizienz- und Kostengesichtspunkten
Durchsetzungsvermögen			X		Bringt verschiedenartige Argumente an, begründetes Vertreten von Sachverhalten

Legende:
1 = unzureichend 2 = teilweise erfüllt 3 = voll erfüllt 4 = übertroffen

Tabelle 17: Bewertung eines förderungswürdigen Mitarbeiters

Die Chef-Rolle

Eine entscheidende Rolle bei der Mitarbeiterbindung spielt der Chef. Wenn sich Mitarbeiter engagieren und gerne für das Kundenservice-Center arbeiten, steht dies oft in Zusammenhang mit einem Chef, der als Vorbild auftritt. Doch was macht einen guten Chef aus?

Zehn Gebote für eine gute Führungskraft

1. *Ein guter Chef* ist bescheiden und zugleich selbstbewusst. Er hat es nicht nötig, selbst immer mehr Macht bei sich aufzuhäufen, vielmehr ist er bestrebt, seine Mitarbeiter so zu fördern, dass sie in der Lage sind, möglichst viel Verantwortung zu tragen, und so ihrerseits mit Macht ausgestattet werden können.
2. *Ein guter Chef* ist eins mit sich selbst. Er spielt keine Rolle, und er setzt keine Masken auf. Er glaubt an sich selbst, vertraut auf sein Können, und daher glauben auch seine Mitarbeiter an ihn.
3. *Ein guter Chef* ist ein guter Zuhörer. Er will wissen, was seine Mitarbeiter denken, und ist neugierig auf ihr Urteil. Er glaubt nicht, dass er automatisch alles richtig macht und besser weiß. Er geht daher auf andere Meinungen ein und übernimmt sie gegebenenfalls.
4. *Ein guter Chef* hat Freude daran, seine Mitarbeiter zu motivieren und zu mobilisieren. Er hat die Steigerung seiner eigenen Ziele und die seines Teams vor Augen, achtet aber darauf, wo die Grenzen der Begeisterungs- und Belastungsfähigkeit liegen, und stärkt das Durchhaltevermögen aller Beteiligten.
5. *Ein guter Chef* ist ein guter Navigator. Er gibt die Richtung an und sorgt dafür, dass sein Team sie versteht und akzeptiert. Er stellt die richtigen Fragen, lässt Gegenfragen zu und beharrt nicht darauf, dass allein seine Antworten die richtigen sind.

Mitarbeiterorientierung im Vordergrund

6. *Ein guter Chef* sorgt dafür, dass seine Mitarbeiter sich nicht in Fehlentwicklungen verrennen. Er konfrontiert sie mit Realitäten, ohne sie vor den Kopf zu stoßen und zu demotivieren. Er versteht es, Mitarbeiter dazu zu bringen, sich von lieb gewonnenen, aber überholten Denk- und Arbeitsmethoden zu verabschieden.
7. *Ein guter Chef* klebt nicht am Althergebrachten und beherrscht die Kunst, mit der Zeit zu gehen (vielleicht sogar, ihr etwas voraus zu sein), ohne dabei in blinde Modernisierungswut zu verfallen. Er sorgt dafür, dass die Identität des Unternehmens in Zeiten des Wandels nicht leidet und für die Mitarbeiter erkennbar bleibt.

8. *Ein guter Chef* ist in jeder Hinsicht ein Vorbild für seine Leute: Sie wissen, was er will und warum. Er hat es daher nicht nötig, sich ständig Reden schwingend zu erklären. Er steht im Mittelpunkt des Interesses und kann allein durch kleine Gesten „große" Botschaften transportieren.
9. *Ein guter Chef* versteht es, seine Mitarbeiter auf Fehler aufmerksam zu machen, ohne sie persönlich zu kränken. Er gestaltet Kritik so, dass der Kritisierte daraus lernt und keine Angst vor „Experimenten" entwickelt. Ein guter Chef lernt zudem aus den Fehlern seiner Leute.
10. *Ein guter Chef* macht mehr Chefs, weil er jeden Einzelnen seines Teams in die Lage versetzt, die besten Eigenschaften in sich zu entwickeln und zu entfalten. Ein guter Chef fördert das Selbstvertrauen seiner Leute und stärkt so deren Führungseignung.

Fachkompetenzen des Chefs

Neben den oben genannten persönlichen Merkmalen braucht eine Führungskraft im Kundenservice-Center auch fachliche Fähigkeiten. Daher sind bei der Teamleiterentwicklung die in Tabelle 18 auf der nächsten Seite genannten Trainingsthemen ein Muss.

Weiterentwicklung der Führungskräfte

Es ist notwendig, dass ein Mitarbeiter, der zum Teamleiter entwickelt wird, eine umfangreiche Ausbildung erhält und von erfahrenen Teamleitern in der Startphase begleitet wird. Das nutzt dem Unternehmen in zweierlei Hinsicht: Es erhält einen guten Teamleiter – und eine engagierte Führungskraft, die sich mit dem Unternehmen identifiziert.

Entscheidend für Erfolg: die Mitarbeiter

Warum die richtige Mitarbeiterauswahl und Mitarbeiterentwicklung entscheidende Erfolgsfaktoren für ein serviceorientiertes Unternehmen sind, hat der Gründer der Ritz Carlton Gruppe (Hotellerie) der Wirtschaftswoche (Ausgabe 44/2007) in einem Interview erläutert. Hier ein Auszug aus dem Interview: „Entscheidend sind die Mitarbeiter. Die müssen ein Gespür dafür bekommen, was die Gäste wollen – möglichst schon, bevor sie einen Wunsch äußern. Das schaffen sie nur durch Motivation, gute Bezahlung und intensives Training. Wer an den Mitarbeitern spart, ihnen nur Befehle erteilt und ständig zusätzliche Arbeit zumutet, darf sich nicht über schlechte Leistungen wundern. Zufriedene Gäste bekommen Sie nur mit zufriedenen Mitarbeitern."

Die Fachkompetenzen des Teamleiters

Organisationsstruktur des Kundenservice-Centers kennen

- Unterschied von Inbound und Outbound sowie Mischformen kennen
- Nutzung von verschiedenen Kommunikationskanälen und deren Herausforderung
- Positionierung des Kundenservice-Centers im Unternehmen

Technik (genaue Kenntnis der Begriffe und Bedeutung für Center)

- ACD/VoIP (Erstellen von Call-Flows = Anrufsteuerung)
- CTI (Erstellen eines Datenmodells für CTI)
- IVR (Programmierung)
- Dialer (unterschiedliche Formen von Dialern)
- CRM-Systeme (Anforderungen definieren)
- Workflow-System
- Personaleinsatzplanungstool

Rekrutierung und Training

- Anforderungsprofile und Stellenbeschreibungen (erstellen und analysieren können)
- Vor- und Nachteile bei Einstellung von Zeitarbeitskräften
- entsprechende Medien kennen
- die richtigen Mitarbeiter einstellen durch Assessment-Center
- Erarbeiten von Trainingsinhalten und -modulen
- Personalentwicklungsmaßnahmen

Personaleinsatzplanung

- Betrachtung der Zahlen aus den Vorjahren
- Erstellen von Forecasts
- Erstellen von Schichtplänen unter Berücksichtigung der gesetzlichen Arbeitsbestimmungen und Einbindung des Betriebsrates

Tagesgeschäft

- Einhaltung der Service-Zeiten des Kundenservice-Centers
- Erstellen von Service Levels in Abstimmung mit den Fachabteilungen
- Rufnummernkonzept und Routing

Führung

- Führen von Teammeetings mit anschließender Erstellung der Protokolle
- Informationsmanagement
- Führen von Mitarbeitergesprächen (Zielvereinbarung)
- Umgang mit Kritik
- Teams zum Erfolg führen

- eigenen Führungsstil finden und eigene Potentiale erkennen
- Führen in einem dynamischen Umfeld – die Rolle der Führungskraft in Veränderungsprozessen
- Gestalten und Umsetzen von Veränderungen

Reporting

- Kennzahlen richtig lesen und deuten
- Erstellen von Statistiken für
  - ☐ Marketing
  - ☐ Vertrieb
  - ☐ Controlling
- internes Reporting

Qualitätssicherung

- Definition von Qualität
- Kundenzufriedenheit und Kundenbindung
- Servicequalität am Telefon
- Messpunkte für Qualität
- Qualitätsstandards setzen und Qualitätssicherung

Sonstiges

- EU-Datenschutz-Richtlinie
- Arbeitsplatzgestaltung
- Arbeitsrechtliche Grundlagen

Tabelle 18: Fachkompetenzen eines Teamleiters

Wie binde ich die Mitarbeiter langfristig an das Unternehmen?

Koukou weiß nun:
Eine gute Einarbeitung, Personalentwicklungsmaßnahmen und angenehmes Betriebsklima führen zur Mitarbeiterbindung.

Koukou fragt sich im Blog:
Jetzt weiß ich, wie wichtig es ist, viel Zeit und Geld in die Mitarbeiter zu investieren. Wieso aber wird so ein wichtiger Bereich wie das Kundenservice-Center oft ausgelagert? Ich glaube, dass ich zunächst einmal verstehen muss, was Outsourcing überhaupt ist.

4. Outsourcing von Kundenservice-Center

Auslagerung: ja oder nein?

In diesem Kapitel werden der Begriff Outsourcing sowie die verschiedenen Ausprägungen des Outsourcings behandelt. Hat sich ein Unternehmen für das Outsourcing entschieden, gibt ein Anforderungskatalog dem Unternehmen einen Leitfaden an die Hand, um strukturiert eine Ausschreibung formulieren zu können. Letztlich wird die Frage behandelt, wie ein Outsourcing gesteuert wird und ob das Auslagern des Kundenservice-Centers wirklich sinnvoll ist.

Was ist Outsourcing?

Definition

Unter Outsourcing versteht man alle Aktivitäten, die Dienstleistungen und Produktionen nach außen verlagern. In den 60er Jahren wurden Prozesse aus der Fertigungsindustrie verlagert. Später wurde in den 80er Jahren das Auslagern auf IT-Prozesse ausgedehnt. Heute werden ganze Geschäftsprozesse an externe Dienstleister ausgelagert. Es gibt verschiedene Formen des Outsourcings – ein Unterscheidungskriterium ist der Standort der Auslagerung:

Outsourcing-Formen

- *Nearshore-Outsourcing:* Die Leistung wird von Deutschland aus gesehen in ein europäisches Land verlagert. In der Regel ist das Lohnniveau geringer als in Deutschland. Trotzdem ist die Kultur der deutschen oft ähnlich.
- *Offshore-Outsourcing:* Beim Offshore-Outsourcing wird die Leistung in ein außereuropäisches Land verlagert, zum Beispiel nach Indien oder China. Je weiter weg der Standort, desto schwieriger die Steuerung. Außerdem kommen hier kulturelle und sprachliche Hindernisse dazu, es kann schnell zu Missverständnissen kommen.
- *Onshore-Outsourcing:* Hier übernimmt ein externer Dienstleister im eigenen Land die Leistung von Unternehmen. Sprachliche

und kulturelle Hindernisse sind dabei nicht zu erwarten. Aufgrund von gleich gesinnten Unternehmen, die den externen Dienstleister in Anspruch nehmen, sind die Kosten für den Dienstleister geringer. Das heißt, je mehr Unternehmen zum Beispiel sich für die Auslagerung von IT-Prozessen entscheiden, desto günstiger kann der Dienstleister diese Dienstleistung den Unternehmen anbieten.

Joint Ventures und Co.

Des Weiteren gibt es die folgende Unterscheidungsform:

- *Joint Venture:* Der externe Dienstleister und das Unternehmen gründen ein Gemeinschaftsunternehmen. Der Zweck ist, dass die Dienstleistungen auch für Dritte angeboten werden können. In der Regel hat der Dienstleister die Mehrheit und übernimmt somit die unternehmerische Leitung.
- *Multi Vendor Outsourcing:* Die auszulagernde Leistung wird an mehrere Dienstleister vergeben. Die Steuerung der Dienstleister kann sehr aufwendig sein, auch aufgrund der Beachtung rechtlicher Aspekte.
- *Single Vendor Outsourcing:* Die Produktion oder Dienstleistung wird an nur einen Dienstleister vergeben. Das macht die Steuerung leichter als bei der Vergabe an mehrere Dienstleister.
- *Selektives Outsourcing:* Hier wird ein gesamter Bereich inklusive der Übertragung von Unternehmenswerten und Personalübergang an einen oder mehrere Dienstleister ausgelagert.
- *Shared Services:* Bei diesem Modell wird eine Serviceeinheit von mehreren Bereichen genutzt. Diese Serviceeinheit kann entweder im eigenen Unternehmen angesiedelt sein oder an einen externen Dienstleister ausgelagert werden.

Was ist Outsourcing?

Koukou weiß nun:
Outsourcing bedeutet das Auslagern von Teilbereichen, aber auch von ganzen Unternehmensbereichen an einen oder mehrere Dienstleister.

Koukou fragt sich im Blog:
Jetzt kenne ich die verschiedenen Arten von Outsourcing. Wenn sich nun ein Unternehmen entscheidet, den Kundenservice auszulagern, muss dann ein Dienstleister nicht die gleiche Organisation haben wie das Unternehmen, das auslagern will?

Wie ist ein externer Dienstleister organisiert?

Organisationsstruktur beachten

In der Regel ist die Organisation des Dienstleisters, an den outgesourced wird, der Organisation des Unternehmens, das auslagern will, ähnlich. Abbildung 11 zeigt die Organisationsstruktur.

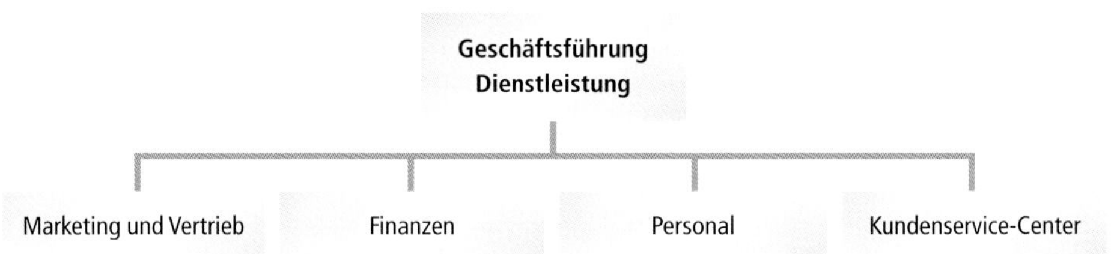

Abbildung 11: Organisationsstruktur

Projektbezogenheit berücksichtigen

Der Bereich „Kundenservice-Center" ist allerdings bei einem Dienstleister anders aufgeteilt als bei Unternehmen, die den Kundenservice im eigenen Haus anbieten. Da externe Kundenservice-Center projektbezogen arbeiten, sind die Bereiche nach Projekten aufgeteilt – siehe dazu Abbildung 12. Das bedeutet, sobald ein Projekt abgeschlossen ist, wird der Bereich aufgelöst. Die Mitarbeiter werden dann auf die anderen Bereiche aufgeteilt – im schlimmsten Fall müssen sie gehen.

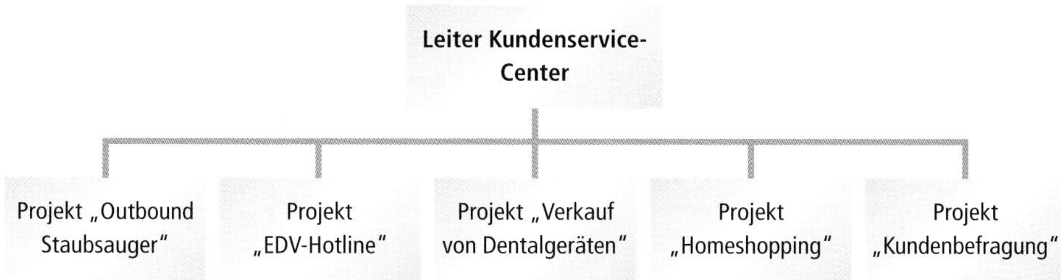

Abbildung 12: Projektbezogene Organisation eines externen Kundenservice-Centers

Arbeit ohne festen Mitarbeiterstamm

Externe Dienstleister haben in der Regel einen kleinen festen Stamm an Mitarbeitern. Pro Projekt gibt es einen Projektmanager, der die Kundenbedürfnisse aufnimmt und sie an die jeweiligen Teamleiter der Gruppe weitergibt. Die Gruppe wird nach den Anforderungen des Kunden zusammengestellt. Sind im vorhandenen Team keine Mitarbeiter mit denen für das Projekt erforderlichen Fähigkeiten vorhanden oder sind die Mitarbeiter ausgelastet, werden kurzfristig Mitarbeiter gesucht.

Externe Dienst–leister: oft breit aufgestellt

Große Betreiber von Kundenservice-Centern stellen sich breit auf. Sie haben oft neben dem Kerngeschäft:

- *eine eigene Akademie:* Die Mitarbeiter werden in der eigenen Akademie trainiert. Zum Teil werden die Seminare auch extern angeboten.
- *ein eigenes Fulfillment-Center:* mit Versand von Prospektmaterial, Briefversand und Versand von bestellten Produkten
- *einen eigenen Beratungsbereich:* Beratung von externen Unternehmen im Bereich Kundenservice-Center
- *ein Business-Process-Outsourcing (BPO):* Unternehmen lagern ihre Prozesse an den Betreiber aus.

Gefahr der Verzettelung

Bei diesen zusätzlichen Bereichen kann es leicht passieren, dass sich die externen Dienstleister verzetteln. Hinzu kommt: Wenn das Kundenservice-Center eines externen Dienstleisters nicht mit einem im Unternehmen angesiedelten Kundenservice-Center vergleichbar ist, führt ein Outsourcing zu erheblichen Problemen, weil die Kundenprozesse kaum übernommen werden können.

Wie ist ein externer Dienstleister organisiert?

Koukou weiß nun:
Ein externer Dienstleister ist zumeist projektbezogen organisiert und somit nicht mit dem eigenen Kundenservice vergleichbar.

Koukou fragt sich im Blog:
Wenn ich mich aber als Unternehmen trotzdem für die Auslagerung entscheide: Wie wähle ich einen Dienstleister aus?

Wie wähle ich einen externen Dienstleister aus?

Pflichtenheft und Ausschreibung

Entscheidet sich ein Unternehmen, an einen Dienstleister auszulagern, ist es von elementarer Bedeutung, ein Pflichtenheft zu erstellen und eine Ausschreibung zu starten. Für die Auswahl eines Dienstleisters sollte viel Zeit und Aufwand betrieben werden, um eine bestmögliche Qualität sicher zu stellen.

Anforderungskatalog erstellen

Fragen im Anforderungskatalog

Bevor ein Anforderungskatalog erstellt wird, sollte das Unternehmen folgende Fragen klären:

- Warum soll ausgelagert werden?
- Welche Dienstleistung soll ausgelagert werden?
- Welche Dienstleister kommen in Frage?
- Wie erfolgt die Einbindung des externen Dienstleisters in das Unternehmen?
- Welche Geschäftsvorfälle werden vom Dienstleister bearbeitet?
- Werden die Geschäftsvorfälle vollständig durch den Dienstleister bearbeitet?
- Welche Vollmachten-/Kompetenzregelungen bestehen für die Mitarbeiter des Dienstleisters, wo sind diese dokumentiert?
- Wie gestalten sich die Informations- und Kommunikationsstrukturen von und zum Dienstleister?
- Sind die Schnittstellen bei den jeweiligen Geschäftsprozessen klar definiert?
- Wurden Marktanalysen und die Wirtschaftlichkeit des Vorhabens beachtet?

Sind alle Antworten und Ergebnisse der Analysen vorhanden, wird der Anforderungskatalog erstellt. Dort müssen zusätzlich Dinge abgeklärt werden wie:

- Verfügbarkeit der Systeme (Redundanz)
- Notfallkonzept (bei Ausfall der Systeme)
- Datensicherungs-/Recovery-Konzept
- Zustand der Hardware und Existenz von Wartungsverträgen
- Aktualität der Anwendungssoftware (CTI, ACD, Personaleinsatzplanungssoftware etc.)
- Sicherheitskonzept (Zugangskontrolle, Berechtigungsadministration)

Rechtliche Aspekte

Auch die rechtlichen Aspekte dürfen nicht außer Acht gelassen werden:

- Welche SLAs inklusive Sanktionen bei Nichteinhaltung werden vereinbart?
- Werden arbeitsrechtliche Bestimmungen eingehalten?
- Gibt es bereits Verträge mit Wettbewerbern?
- Werden die Aufbewahrungsrichtlinien eingehalten?
- Liegen Datenschutzvereinbarungen gemäß BDSG vor?

Die Ausschreibung

Da der gesamte Inhalt einer Ausschreibung den Rahmen sprengen würde, wird in Tabelle 19 auf der nächsten Seite lediglich das Inhaltsverzeichnis aufgeführt und mit einigen Sätzen erläutert:

1. Allgemeiner Teil

1.1 Das Unternehmen
Hier wird beschrieben, um was für ein Unternehmen es sich handelt und welche Produkte und Dienstleistungen es anbietet.

1.2 Ausgangssituation
Beispielsweise wird dargestellt, dass es sich um die Einholung eines Angebotes handelt und eine Preisabfrage für die Mengenverteilung erfolgt.

1.3 Management und Steuerung
Festlegung, wer den Dienstleister steuert und welche Aufgaben die Dienstleistungssteuerung hat

1.4 Erwartungen an den Dienstleister
In der Regel wird hier festgeschrieben, welche Leistungen für das Unternehmen wichtig sind. Beispiel: ausreichende Kapazität für ein hohe Anrufvolumen

1.5 Mitarbeiterprofil und Qualitätsmanagement

1.5.1 Mitarbeiter-Rekrutierung
Es wird vereinbart, welche Qualifikation die Mitarbeiter haben müssen und wie sie rekrutiert werden sollen. Beispielsweise, ob das Unternehmen bei der Rekrutierung dabei sein und mit entscheiden will.

1.5.2 Training – Initialtraining und laufende Trainings
Vereinbarung über den Inhalt der Trainings und wer die Trainings durchführen soll. Außerdem ist es von Bedeutung, dass die Mitarbeiter laufende Trainings erhalten. Hierfür wird ein Zeitplan aufgestellt.

1.5.3 Qualitätsmessungen
Hier wird festgelegt, was gemessen werden soll, wie und durch wen und in welchen Zeitintervallen gemessen wird.

1.5.4 Qualitätssicherungsmodell
Der Dienstleister erarbeitet ein Qualitätssicherungskonzept und gibt dem Unternehmen die Möglichkeit, dies zu überprüfen.

1.6 Zusammenfassende Rahmenbedingen für die Kooperation
Die vertraglichen Bestandteile, wie Zahlungsbedingungen, Volumengarantie, Vertragslaufzeit, Kündigungsfrist und Rechnungsstellung werden festgelegt.

2. Hotline

2.1 Aufgabenstellung Hotline
In diesem Punkt wird beschrieben, was die Hotline grundsätzlich macht, zum Beispiel Kundenbetreuung.

2.2 Beschreibung der Hotline-Tätigkeiten Es wird festgelegt, welche Tätigkeiten die Mitarbeiter des Dienstleisters erbringen sollen.
2.3 Prämissen Die Service- und Bearbeitungszeiten werden festgelegt, zum Beispiel: Die durchschnittliche Gesprächsdauer liegt bei drei Minuten.
2.4 Forecast Das Unternehmen teilt dem Dienstleister mit, mit welchem Anrufvolumen gerechnet wird, damit der Dienstleister seine Personaleinsatzplanung erstellen kann.
2.5 Reportinganforderung Die Kennzahlen finden sich in einem Reportingkonzept wieder und beinhalten auch, wann wie berichtet werden soll.
2.6 Initialtraining Hotline Es werden Inhalte und Zeitrahmen für ein erstes Training der Hotline-Mitarbeiter erarbeitet.
2.7 Technische Anforderungen Hier wird abgefragt, welche Systeme eingesetzt und miteinander verbunden werden können.

Tabelle 19: Die Ausschreibungsunterlagen

Drei Anbieter aussuchen

Dieser Anforderungskatalog wird je nach Aufgabenstellung von den Unternehmen mit Leben gefüllt. Die schwierige Aufgabe dabei ist, die Ausschreibungen zu sichten, zu sortieren und sich auf drei Anbieter festzulegen. Diese drei Anbieter werden zur Präsentation eingeladen. Ist die Wahl getroffen, geht es in die Vertragsverhandlungen.

Wie wähle ich einen externen Dienstleister aus?

Koukou weiß nun:
Die Auswahl des richtigen Dienstleisters erfordert umfangreiche Vorarbeiten.

Koukou fragt sich im Blog:
Wenn ich mich für einen Dienstleister entschieden habe: Wie stelle ich fest, wie er arbeitet?

Wie steuere ich den externen Dienstleister?

Probelauf durchführen

Bevor die Verträge unterschrieben werden, ist es empfehlenswert, einen Probelauf zu starten. Denn Dienstleister wollen in der Regel einen langfristigen Vertrag abschließen – und dann ist es problematisch, wieder auszusteigen. Empfehlenswert ist es, den Probelauf auf vier Wochen festzulegen. Am Anfang sollten einfache Tätigkeiten für den Probelauf ausgelagert werden. Denn wenn da schon keine Qualität abgeliefert wird: Wie soll dies dann bei anspruchsvollen Aufgaben möglich sein?

Wenn der Probelauf erfolgreich war, sollte das Unternehmen darauf bestehen, Zugriff auf die Telefonanlage zu haben. Nur so können Statistiken und Kennzahlen auf Richtigkeit geprüft werden. Eine entsprechende Regelung gehört auf jeden Fall in den Vertrag.

Aufgaben des Dienstleister-Koordinators

Sobald die Verträge unter Dach und Fach sind, beginnt das Tagesgeschäft. Zunächst sollte das Unternehmen einen Dienstleister-Koordinator ernennen. Er ist die Schnittstelle zwischen dem Dienstleister und seinem Unternehmen und vertritt die Interessen seines Unternehmens. Aber Vorsicht, der Koordinator kann nicht alles allein steuern. Er braucht Unterstützung von den Koordinatoren (Projektleitern) oder Teamleitern des externen Dienstleisters.

Kundenservice „spiegeln"

Hat sich ein Unternehmen zum Beispiel für einen Dienstleister entschieden, damit der Kunde auch bei hohem Anrufaufkommen das Unternehmen erreichen kann, wird der interne Kundenservice eins zu eins beim externen Dienstleister abgebildet. Die Teamleiter beider Parteien tauschen sich aus und koordinieren das Tagesgeschäft. Der Koordinator des Unternehmens ist dann eher für die Einhaltung des Vertrages zuständig und vermittelt zwischen beiden Parteien.

Auslagerungen an externe Dienstleister: Vorteile und Nachteile

Beispiel „Frontoffice Inbound"

Die folgenden Beispiele umfassen Bereiche, die häufig ausgelagert werden. Das erste Beispiel entstammt dem Bereich „Frontoffice Inbound". Dort ist die Auslagerung von Überlauffunktionen (Tagesrandzeiten) und Marketingaktionen bei Produkteinführungen an der Tagesordnung.

Beispiel

Das Beispiel „Tagesrandzeit“: *Ein Unternehmen hat einen sehr restriktiven Betriebsrat. Das interne Kundenservice-Center hat die gleichen Arbeitsverträge wie die anderen Mitarbeiter im Unternehmen. Das heißt, der Betriebsrat genehmigt keine Wochenendarbeit, keine Spät- und keine Nachtschichten. Um dennoch dem Kunden einen Rund-um-Service anbieten zu können, wird der komplette Kundenservice nachts, an Wochenenden und an Feiertagen ausgelagert.*
Das bedeutet, die Mitarbeiter des Dienstleisters haben exakt die gleichen Informationen und Zugriffsrechte wie die Mitarbeiter des internen Kundenservice-Centers. Im Grunde genommen sind die Mitarbeiter des internen Kundenservice und des ausgelagerten Kundenservice Kollegen und sollten sich auch als solche verhalten. Hier kommt es sehr auf den Koordinator des Unternehmens an. Er muss den Austausch untereinander fördern.
Wenn dem nicht so ist, behandeln die Mitarbeiter des internen Kundenservices die Kollegen vom Dienstleister von oben herab. Wenn Fehler passieren, ist im Zweifel immer der Dienstleister schuld. Das geht leider oft zu Lasten des Kunden.

Beispiel „Frontoffice Outbound“

Im Bereich „Frontoffice Outbound“ betreffen Auslagerungen häufig folgende Leistungen:
- Kundenbefragungen per Telefon
- Vertrieb von Produkten am Telefon
- Terminvereinbarungen für den Vertrieb

Beispiel

Das Beispiel „Kundenbefragungen per Telefon“: *Ein Unternehmen hat ein reines Inbound-Kundenservice-Center. Die Marketing-Abteilung möchte die Kundenzufriedenheit messen. Um die Neutralität sicherzustellen, beauftragt es einen externen Dienstleister. Für die Tätigkeit werden ältere Mitarbeiter mit einer sehr gewählten Sprache gesucht.*

Nachteile berücksichtigen

Es ist wichtig, dass der Dienstleister die zur Kundenbefragung überlassenen Kundendaten nicht weiter verwendet – und etwa Adressen weiterverkauft. Das ist immer wieder ein heikles Thema. Ob dies eingehalten wird, ist schwer zu überprüfen und von daher in der

Praxis immer wieder ein Diskussionspunkt. Es ist daher besser, ein eigenes kleines Team im Unternehmen aufzubauen, das nicht nur Kundenzufriedenheitsbefragungen macht, sondern Produktinnovationen vorstellt oder Bedarfsermittlung beim Kunden vornimmt. Die Fähigkeit eines Outbound-Mitarbeiters ist eine andere als die eines Inbound-Mitarbeiters. Daher kann der Inbound-Kundenservice diese Aufgaben nicht übernehmen.

Beispiele „Backoffice"

Im Backoffice betreffen Auslagerungen oft folgende Leistungen:
- Resonanzaufnahmen bei Rechnungsläufen
- allgemeine, generelle Kundenanfragen, Nachfassaktionen

Beispiel

Das Beispiel „Resonanzaufnahmen bei Rechnungsläufen": *Große Unternehmen haben im Monat mehrere Rechnungsläufe. Oft werden Rechnungsreklamationen schriftlich eingereicht, oder es werden Rechnungskopien verlangt. Das Unternehmen will für diese Tätigkeit nicht zusätzlich Personal aufbauen. Daher lagert es die Rechnungsanfragen an einen Dienstleister aus.*

Diese Aufgaben sollten besser nicht ausgelagert werden. Das Backoffice-Team kann diese Rechnungsreklamationen mit übernehmen. Rechnungsdaten sind sensible Daten und sollten nicht von einem externen Dienstleister bearbeitet werden.

Beispiel „Fulfillment"

Kommen wir zum Fulfillment – dort werden der Prospektversand, der Produktversand und der Briefversand oft ausgelagert.

Beispiel

Das Beispiel „Prospektversand": *Das Unternehmen startet eine Marketingaktion und hat deswegen Prospekte drucken lassen. Weil die Poststelle für den Versand dieser Prospekte nicht ausgerichtet ist, wird dafür ein Dienstleister gesucht. Das ist sicher eine gute Entscheidung. Denn der Versand von Prospektmaterial ist gewiss nicht die Kernkompetenz eines Unternehmens.*
Beim Produktversand hingegen sieht es schon ein wenig anders aus. Denn hier kann es durchaus zu Reklamationen kommen, die dann im Kundenservice landen. Der Kunde weiß nicht, dass das Produkt von einem externen Unternehmen versandt wurde.

Schwierigkeiten bei der Steuerung des Dienstleisters
Werfen wir zunächst einmal einen Blick in Koukous Erlebnisblog:

Koukous Erlebnisblog

Die Post wurde privatisiert. Daher gibt es jetzt externe Postdienstleister. Das hat Koukou am eigenen Leib leidvoll erleben müssen. Als E-Plus Kunde betrug ihre Mobilfunkrechnung durchschnittlich 60 Euro im Monat. Somit zählte sie bereits zu den guten Kunden.
Irgendwann im Jahr 2005 hat sich E-Plus wohl für einen externen Postdienstleister entschieden. Da die Briefkastenanlage im Haus ist, trifft der Dienstleister selten bis gar nicht jemanden im Hause an. Das hat zur Folge, dass Koukou eine Benachrichtigung am Klingelschild hat, mit der Aufforderung, sich bei dem Dienstleister zu melden. Hintergrund dieser Aufforderung ist, dass die Post nicht zugestellt werden konnte.
Daraufhin ruft Koukou bei der Hotline bei E-Plus und bittet den Mitarbeiter, die Rechnungsanschrift auf die Postfachadresse zu ändern. Diese Änderung wird nicht vorgenommen.
Dann hat Koukou erneut eine Benachrichtigung am Klingelschild, mit der Bitte, dass sie sich beim Postdienstleister melden soll. Leicht verärgert ruft sie wieder bei E-Plus an und bittet erneut um Änderung. Der Mitarbeiter meint, sie solle doch bei dem Dienstleister anrufen und um erneute Zustellung bitten. Aber er wäre bereit, ihr eine Kopie zuzusenden.
Koukous Reaktion ist, dass sie darauf hinweist, dass sie keinen Vertrag mit dem Postdienstleister hat und auch keine Zeit, ständig der Originalrechnung hinterherzutelefonieren. Sie erhält folgende Antwort: „In der Zeit, in der Sie mit mir diskutieren, hätten Sie bereits bei dem Dienstleister anrufen können!“
Daraufhin entscheidet sie sich, den E-Plus Vertrag zu kündigen, weil sie nicht will, dass die Einsparmaßnahmen von E-Plus auf ihrem Rücken ausgetragen werden.
Heute ist sie froh, gekündigt zu haben, denn nach zweieinhalb Jahren wird sie wieder von einem Dienstleister angerufen und mit den Worten begrüßt: „Guten Tag, hier ist E-Plus – Upgrade Service, spreche ich mit Frau Koukou?“ Das heißt, obwohl sie nicht mehr Kundin ist, hat E-Plus die Daten nicht bereinigt und diese an einen externen Dienstleister weitergegeben. So viel zum Thema Datenschutz.

Steuerungsprobleme

Es ist schwierig, den Dienstleister zu steuern. Wie in dem Beispiel deutlich wird, hat E-Plus es nicht geschafft, die Rechnung von Koukou an ihre Postfachadresse zu senden. Hintergrund hierfür ist, dass der Postdienstleister keinen Zugriff auf die Postfächer der Deutschen Post hat. E-Plus ist wahrscheinlich nicht in der Lage gewesen, nur bestimmte Adressen zu selektieren. Wahrscheinlich werden pro Rechnungslauf alle Adressen ausgewählt und elektronisch an den Postdienstleister übermittelt.

Besonders problematisch wird die Steuerung, wenn sich ein Unternehmen für mehrere Dienstleister entscheidet. Denn jeder Dienstleister hat seinen eigenen Vertrag und seine eigenen SLAs. Diese muss der Koordinator alle sehr gut kennen, um die reibungslose Abwicklung sicherstellen zu können.

Steuerungsprobleme von Beginn an vermeiden

Jedem Unternehmen muss des Weiteren klar sein, dass die Mitarbeiter des Dienstleisters nicht seine eigenen sind. Damit hat das Unternehmen keinen Einfluss auf die Mitarbeiter. Die Strategie und Vision des Dienstleisters sollte daher zum Unternehmen passen und bei der Auswahl abgefragt werden. Um also den Dienstleister gut steuern zu können, muss schon bei der Auswahl ein besonderes Augenmerk gelegt werden auf:

- moderne, umfangreiche technische Ausstattung
- transparente Kostenstrukturen
- gut geschultes und erfahrenes Personal
- aussagekräftiges Statistikmaterial und Controlling
- stringente und produktbezogene Prozesse
- seriöse und professionelle Reputation
- Erfahrung in der Betreuung von anderen Klienten in gleichen oder ähnlichen Marktsegmenten
- hohe Erreichbarkeit
- einen qualitativ hohen Servicestandard

Der Dienstleister muss zum Unternehmen passen, wenn eine vertrauensvolle und partnerschaftliche Zusammenarbeit erreicht werden soll – das betrifft auch die Unternehmensphilosophie.

Kosten und Nutzen in Bezug setzen

Das Auslagern erfordert einen hohen Aufwand. Daher ist es wichtig, sich vorher genau darüber im Klaren zu sein, was ausgelagert werden soll. Kosten und Nutzen, Aufwand und Ersparnis müssen in einem angemessen Verhältnis stehen. Insbesondere sind auf die folgenden Kosten zu achten:

- Kosten für die Auswahl des Dienstleisters
- Projektkosten (meistens einmalig bei Abschluss der Vereinbarung)
- Telekommunikationskosten (gemäß Kontakt- und Rufnummernstrategie = laufende Kosten)
- Kosten für zu schulende und einzusetzende Mitarbeiter
- Kosten für Programmierung der DV/Telefonie und deren Anbindung
- Kosten für Datenanalysen, Nachbereitung der Kontakte, Backoffice-Prozesse usw.
- Kosten für die Betreuung des Dienstleisters
- Kosten für eventuelle Korrekturen, die durch Fehler beim Dienstleister entstehen können

Wie steuere ich den externen Dienstleister?

Koukou weiß nun:
Basis für die Steuerung eines Dienstleisters ist das gegenseitige Vertrauen. Der Dienstleister muss zum Unternehmen passen.

Koukou fragt sich im Blog:
Bei der Auslagerung von Kundenservice-Centern entstehen mehr Kosten, als ich gedacht habe. Die Einsparmaßnahmen werden oft auf dem Rücken des Kunden ausgetragen. Macht das Auslagern dann wirklich Sinn?

Ist das komplette Auslagern des Kundenservice wirklich sinnvoll?

Kundenservice wird beeinträchtigt

In Zeiten der Slogans „Geiz ist Geil“, „Wir hassen teuer“ und „Wir können nur billig“ ist das Auslagern ein willkommenes Instrument, um Kosten zu sparen. Welche Folgen aber hat das Outsourcing des Kundenservice auf den Kunden?

- Keiner übernimmt die Verantwortung für den Kunden.
- Verbesserungsvorschläge vom Kunden kommen beim Unternehmen oft nicht an.
- Wenn Kunden unzufrieden mit dem Dienstleister sind, erfährt es das Unternehmen in der Regel nicht.
- Warum der Kunde kündigt, ist oft nicht bekannt.
- Wünsche und Bedürfnisse des Kunden sind nicht bekannt.
- Produktinnovationen gehen oft am Kundenbedürfnis vorbei, weil kein Kontakt zum Kunden besteht.
- Es entsteht eine Abhängigkeit vom Dienstleister.

Existenzsicherung in „fremden Händen"

Fakt ist: Der Kunde sichert die Existenz des Unternehmens. Das bedeutet im schlimmsten Fall: Wenn man den Kundenservice auslagert, wird damit die Existenzsicherung des Unternehmens in fremde Hände gegeben und gefährdet. Und nur wenn das Unternehmen nah am Kunden ist, kann es die Produkte und Dienstleistungen weiter entwickeln. Wird der Kundenservice komplett ausgelagert, nimmt sich das Unternehmen jede Möglichkeit, auf Anforderungen des Kunden schnell zu reagieren. Es verliert womöglich Wettbewerbsvorteile.

All dies spricht gegen die Auslagerung. Das komplette Auslagern des Kundenservice-Centers kostet unter dem Strich mehr, als es einbringt und nutzt. Besser ist es, die internen Prozesse zu optimieren – und die Kunden nicht freiwillig aus der Hand zu geben.

Kundenservice-Center werden oft deshalb ausgelagert, weil sie im Verhältnis zu anderen Bereichen im Unternehmen einen hohen Anteil an Personalkosten haben. Muss das Management Kosten einsparen, ist es am einfachsten, Personal zu entlassen – und das Kundenservice-Center auszulagern.

Kostenreduktion bei Auslagerung – ein Märchen?

Aber es gibt bis heute keine transparente Gegenüberstellung der Kosten für einen internen Kundenservice und der Kosten, die durch einen externen Dienstleister entstehen. Ein Auszug aus einem Artikel von Holger von Jouanne-Diedrich, der sich seit Jahren mit dem Thema Outsourcing beschäftigt, untermauert diese These. Er betreibt ein eigenes Managementportal unter http://www.ephorie.de/outsourcing.htm, in dem er ausführlich das Thema IT-Outsourcing behandelt. In dem Artikel „15 Jahre Outsourcing-Forschung: Systematisierung und Lessons Learned" zieht er folgendes Resümee:

- „Eine zentrale Erkenntnis der Outsourcing-Forschung ist, dass Unternehmen durchaus erfolgreich Outsourcing betreiben können, dazu allerdings ein permanenter hoher Aufwand zur Steuerung des Dienstleisters notwendig ist. Eine weitere, damit zusammenhängende Einsicht besteht darin, dass der Erfolg einer Outsourcing-Vereinbarung stark von den Kunden selbst abhängt, da die Anbieter von Outsourcing-Leistungen weltweit immer dieselben Firmen sind (man könnte fast von einem Oligopol sprechen). Der Unterschied, der erfolgreiches von erfolglosem Outsourcing unterscheidet, liegt vor allem in der Professionalität des Kunden im Umgang mit dem Dienstleister. Umgekehrt liegt es damit allerdings auch im Interesse des Dienstleisters, für eine Professionalisierung seiner Kunden Sorge zu tragen.
- Outsourcing-Verträge sollten so detailliert wie möglich aufgesetzt werden. Detaillierte Outsourcing-Verträge enthalten neben Angaben zu den Kosten Klauseln über Vertraulichkeit, Service Level Agreements (SLAs), vorzeitige Beendigung, Haftung und Schadensersatz, Regelungen für unvorhergesehene Vorfälle sowie über Konventionalstrafen. Outsourcing-Verträge für sehr große Vorhaben beinhalten typischerweise ca. 30.000 Zeilen Text, über 600 SLAs und über 50 verschiedene Preismechanismen. Das Aushandeln eines solchen Vertrages dauert oft über ein Jahr.

Outsourcing: oft zu hoher Aufwand, zu wenig Nutzen

- Lange Outsourcing-Vorhaben (ab 4 Jahre) sollten eine anfängliche Testphase vorsehen, in der beide Seiten leicht den Vertrag beenden können. Je länger die Laufzeiten von Outsourcing-Verträgen sind, desto schwieriger wird eine Detaillierung; daher sollten die Verträge zusätzlich klare Mechanismen für Anpassungen und Änderungen enthalten.
- Bei großer geschäftlicher und/oder technischer Unsicherheit sollte immer die Option geprüft werden, die jeweiligen Funktionen weiter intern, aber mit zusätzlichen externen Kräften zu bewerkstelligen. Der Hintergrund liegt ebenfalls in der mit dieser Situation verbundenen Schwierigkeit, einen detaillierten Outsourcing-Vertrag abzuschließen.
- Es ist eine schwer zu operationalisierende Erkenntnis, Kernkompetenzen intern zu halten bzw. anzusiedeln. Was Kernkompetenzen sind, hängt stark von der Art und Weise des gewählten Wettbewerbsansatzes ab und kann sich über die Zeit ändern. Folgende Bereiche dürfen allerdings auf keinen Fall extern vergeben werden: IT-Governance, Schnittstellenfunktionen zwischen Geschäft und IT, Basis-Know-how bezüglich technischer Architektur sowie das Management des externen Dienstleisters.
- Umgekehrt bedeutet nicht jede Nicht-Kernkompetenz sofortiges Outsourcing. Insbesondere bei sich schnell ändernden Wettbewerbssituationen sowie engen Verzahnungen zwischen Kern- und Nicht-Kernkompetenzen ist eine Outsourcing-Entscheidung genau zu prüfen. Weiterhin hängt jede Outsourcing-Entscheidung immer von der wahrgenommenen Qualität der verfügbaren Dienstleister ab.

Kostensituation bei Auslagerung berücksichtigen

- Bei einer Outsourcing-Ausschreibung sollten in jedem Fall die internen IT-Abteilungen mit anbieten dürfen (Insourcing). Die Ausschreibung selber sollte gemeinsam vom Management der Fach- und der IT-Abteilung gestaltet werden. Insourcing kann deshalb funktionieren, weil durch einen formalen Angebotsprozess oft erst deutlich wird, was die interne IT-Abteilung en passant mit erledigt, was aber in einem Vertrag mit einem externen Dienstleister nicht abgedeckt wäre.
- Dass Outsourcing-Dienstleister auf den ersten Blick oftmals günstiger erscheinen, beruht also eher auf stringentem Kosten- und Abgrenzungsmanagement, weniger auf Kostendegressions-

effekten. Die Strategien der externen Outsourcing-Dienstleister können daher oft erfolgreich auch von internen Dienstleistern nachgeahmt werden.

- Grundsätzlich muss vor jeder Outsourcing-Entscheidung die Kostensituation der potentiell zu vergebenden Leistung absolut transparent sein. Zum einen kann ohne diese Kenntnis keine sinnvolle Entscheidung über eine Fremdvergabe getroffen werden, zum anderen kann im Falle einer Fremdvergabe ansonsten keine Erfolgskontrolle vorgenommen werden."

Auslagerung gut überlegen

Holger von Jouanne-Diedrichs Aussagen beziehen sich zwar auf das Outsourcing von IT-Dienstleistungen. Aber sie passen auch sehr gut zu dem Thema „Outsourcing von Kundenservice". Denn die Anforderungen an den Dienstleister und die Vertragsgestaltung für die Auslagerung eines Kundenservice-Centers gleichen denen eines IT-Outsourcings doch sehr.

Verantwortung für Kunden

Welche Schlüsse sind daraus zu ziehen? Der interne Kundenservice kann sich an einer Ausschreibung beteiligen. Vielleicht spornt das auch an, die internen Prozesse regelmäßig zu überprüfen und gegebenenfalls anzupassen. Das stellt sicher, am Markt wettbewerbsfähig zu bleiben. Und:

Unternehmen sollten wieder die Verantwortung für den Kunden übernehmen.

Kunde im Mittelpunkt

Denn nur wenn der Kunde ganzheitlich betrachtet wird – angefangen von der Produktidee über Vermarktung des Produktes bis hin zur Betreuung des Kunden –, kann frühzeitig auf Veränderungen am und im Markt reagiert werden. Das Produkt und die Dienstleistung können dann schnell an die Kundenbedürfnisse angepasst werden; das erhöht die Kundenzufriedenheit und damit die Kundenloyalität. Der Kunde bleibt dem Unternehmen treu und sichert dessen Existenz.

Kunden ganzheitlich betrachten

Es gibt Unternehmen, die diese Philosophie bereits erfolgreich umsetzen. Zu dem Thema „Ganzheitliche Betrachtung und Betreuung des Kunden“ war in der Wirtschaftswoche vom 29. Oktober 2007 ein interessanter Artikel über den Anlagenbauer Gebr. Schmid zu lesen – hier ein Auszug:
„Während andere Anlagenbauer Kosten senken, indem sie viele Teile zukaufen, macht Gebr. Schmid alles selbst – bis zum Service. Das beschert nicht nur den Kunden ein Produkt nach Maß aus einem Guss. Es fördert aus Sicht von Schmid auch Qualität und Innovationen beim Hersteller und erlaubt den Sprung von der bei Hightech-Unternehmen gängigen Kultur des Wissens zu einer Kultur des Könnens.“

Wer den ganzen Produktionsprozess nicht nur kennt, sondern beherrscht, kann Probleme früher erkennen und lösen.

Kunden gehören INS Unternehmen

Adaptiert auf das Thema Kundenservice bedeutet das: Der Kunde gehört ins Unternehmen – und nicht zum Dienstleister. Denn nur wenn die Mitarbeiter die kompletten Prozesse kennen (vom Auftrag bis zur Kündigung, von der Produktidee bis zur Produktion), können sie dem Kunden kompetent Auskunft geben.

Ist das komplette Auslagern des Kundenservice wirklich sinnvoll?

Koukou weiß nun:
Der Kundenservice ist die Kernkompetenz des Unternehmens und sollte nicht komplett ausgelagert werden.

Koukou fragt sich im Blog:
Wenn ich Unternehmer wäre, würde ich das Kundenservice-Center wieder in mein Unternehmen eingliedern. Kann das funktionieren – und wenn ja, wie?

5. Backsourcing: Zurück ins Unternehmen

Re-Integration ins Unternehmen

Unternehmen, die ihren Kundenservice jahrelang komplett ausgegliedert haben und ihn nun zurück ins Unternehmen holen, stehen am Anfang vor einer großen Herausforderung: Durch die Ausgliederung ist das Know-how, wie man ein Kundenservice-Center betreibt, nach und nach verloren gegangen. Sie fangen praktisch wieder bei null an. Wenn ein Unternehmen sich entschieden hat, das Kundenservice-Center wieder intern zu betreiben, erfordert das eine umfangreiche Vorarbeit. Denn der Kundenservice muss erst wieder in die Unternehmensorganisation integriert werden. Die Mitarbeiter aller Bereiche müssen darauf vorbereitet werden, dass es in Zukunft einen neuen Bereich im Unternehmen gibt.

Vision erarbeiten

Das Unternehmen startet mit der Erarbeitung einer kundenfreundlichen Vision. Wie dies geht, ist im ersten Kapitel beschrieben worden. Bei der Erstellung der Vision sollten alle Mitarbeiter im Unternehmen involviert sein. Wenn dies etwa aufgrund der hohen Mitarbeiterzahl und unterschiedlicher Standorte nicht möglich ist, sollten die Mitarbeiter mit Informationen über dieses Projekt der Wiedereingliederung auf dem Laufenden gehalten werden.

Wie gliedere ich den Kundenservice wieder ein?

Mitarbeiter- und Unternehmensziele beachten

Das ist eine schwierige Aufgabe. Denn nachdem die neue kundenfreundliche Vision erarbeitet wurde, muss diese von allen Mitarbeitern getragen und gelebt werden. Hier geht es an die Wurzeln des Unternehmens. Denn jetzt müssen alle an einem Strang ziehen. Das ist aber nicht immer leicht, denn jeder Mitarbeiter hat seine eigenen Ziele vor Augen, etwa:

- Wie befriedige ich meinen Machthunger?
- Wie ernähre ich meine Familie?
- Wie finanziere ich meinen nächsten Urlaub?
- Wie erreiche ich eine Gehaltserhöhung?

Oft lassen die Mitarbeiter dabei die Ziele des Unternehmens außer Acht. Das kann daran liegen, dass die Führung es nicht vorgelebt hat, dass unternehmerisch-allgemeine und persönlich-individuelle Ziele eng zusammenhängen und die einen ohne die anderen kaum erreichbar sind.

Veränderungsprozesse von „oben" anstoßen

Veränderungen vorbereiten

Eine neue Vision, die auf den Kunden ausgerichtet ist, kann nur von ganz „oben" kommen. Nur wenn der Vorstand dahintersteht und es auch wirklich will, ist die Vision glaubwürdig. Das Management muss es vorleben: Die Veränderung geht nur von oben nach unten.

Veränderung als Management-aufgabe

Der Spruch „Der Fisch fängt am Kopf an zu stinken" ist sicherlich bekannt. Wenn der Vorstand den ersten Schritt macht, ist das in der Regel auch ein Signal für die Mitarbeiter, dass sich etwas verändert. Kundenorientierung – und alles was dazugehört – sollte darum Chefsache sein. Das kann durchaus dazu führen, dass Kundenbeschwerden selektiv an den Vorstand gehen. Oder dass der Vorstand im Internet für den Kunden präsent ist und ihn auffordert, bei Beschwerden über das Kundenservice-Center an ihn, den Vorstand, heranzutreten. Dies ist dann ein Teil der Vision und der daraus resultierenden Strategie.

Ängste nehmen

Für viele Mitarbeiter im Unternehmen bedeuten die neue Vision und die neue Strategie eine Veränderung, die behutsam angegangen werden muss. Denn der Einzige, der wirklich Veränderung will, ist das Baby mit nasser Windel. Für die meisten Mitarbeiter, die meisten Menschen ist eine Veränderung jedoch mit Ängsten verbunden. Sie haben Angst davor, sich von lieb gewonnenen Gewohnheiten, die ja immer auch Sicherheit und Orientierung bieten, zu trennen. Außerdem gibt es die Angst vor Machtverlust, vor Verlust der Reputation, vor Gehaltseinbußen, vor neuen Kollegen, weil Abteilungen aufgelöst werden, und letztendlich vor dem Verlust des Arbeitsplatzes.

Den Change kommunizieren

Daher muss die Veränderung richtig kommuniziert und umgesetzt werden. Die entsprechenden Instrumente dazu bietet das Veränderungsmanagement oder Changemanagement:

- „Management" heißt dabei: planen, initiieren, realisieren, reflektieren und stabilisieren.
- Mit „Change" ist der „Wechsel der Einstellung" gemeint, und zwar zu sich selbst, zum Kunden und zum Unternehmen.

Changemanagement

Die Einführung und Etablierung von Changemanagement erlaubt das ständige Anpassen an die Wettbewerbssituation, die schnellen Reaktionen auf höhere Anforderungen der Kunden und das Umsetzen von neuen Innovationen. Die Grundlagen für erfolgreiches Changemanagement sind:

- Die Führung macht und lebt den Change vor.
- Es dürfen Fehler gemacht werden.
- Es herrscht ein Vertrauensverhältnis bei allen Beteiligten.
- Die Mitarbeiter können sich auf die Führung verlassen.
- Die Mitarbeiter können sich weiterentwickeln.
- Es wird offen und regelmäßig kommuniziert
- Verantwortungsbewusstsein wird auf allen Ebenen gefördert und gefordert.

Durch Changemanagement gilt es, alte Zöpfe abzuschneiden, damit neues Haar gesund nachwachsen kann.

Changemanagement und Backsourcing

Change-management-prozess aufbauen

Bevor der Kundenservice wieder in das Unternehmen zurückgeholt werden kann, muss das gesamte Unternehmen in Richtung Kundenorientierung geradezu getrimmt werden. Das heißt auch, dass eine nachhaltige Veränderung der Unternehmenskultur stattfinden sollte. Dazu braucht es ein gutes Changemanagement. Das Unternehmen implementiert daher einen Changemanagementprozess, der es erlaubt, schnell auf veränderte Situationen reagieren zu können – Abbildung 13 zeigt die Zusammenhänge.

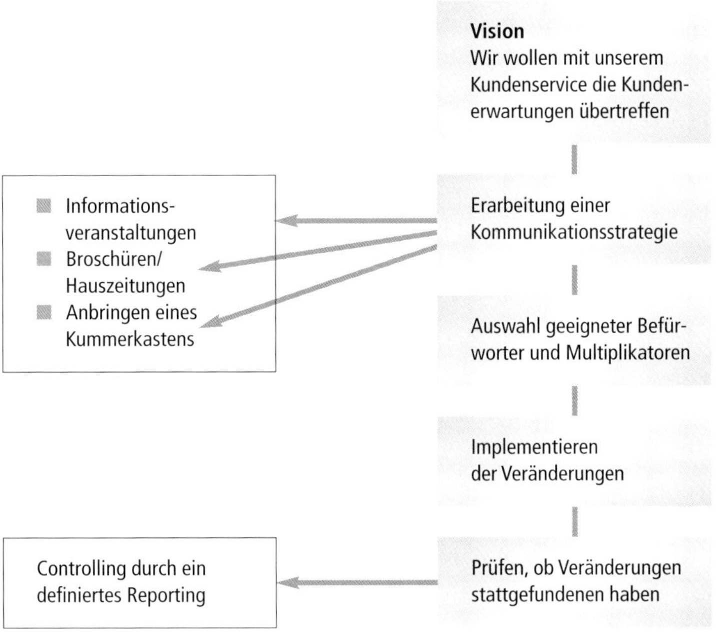

Abbildung 13: Changemanagementprozess implementieren

Für Transparenz sorgen

Das A und O beim Changemanagement ist die Transparenz der Veränderungen für die Mitarbeiter. Die Mitarbeiter müssen erkennen, dass die Veränderungen für sie von Nutzen sind. Das Ziel und die daraus resultierenden notwendigen Veränderungen, um das Ziel zu erreichen, müssen klar sein.

Wichtig ist, dass der Mitarbeiter den Nutzen auch sieht und spürt. Wenn der Prozess dazu führt, dass der Arbeitsplatz erhalten bleibt oder sich die Arbeitsabläufe verbessern, spürt der Mitarbeiter den Nutzen am eigenen Leib.

Durch Transparenz wird der Mitarbeiter einbezogen und fühlt sich als vollwertiges Mitglied des Unternehmens ernst genommen. Auch oder gerade dann, wenn es um die Rettung des Unternehmens geht, sollte der Mitarbeiter dies wissen. Vielleicht hat er innovative Ideen und kann gar einen Beitrag zur Rettung leisten.

Prozess mit sieben Phasen

Der Veränderungsprozess durchläuft in der Regel sieben Phasen, die in Abbildung 14 dargestellt sind.

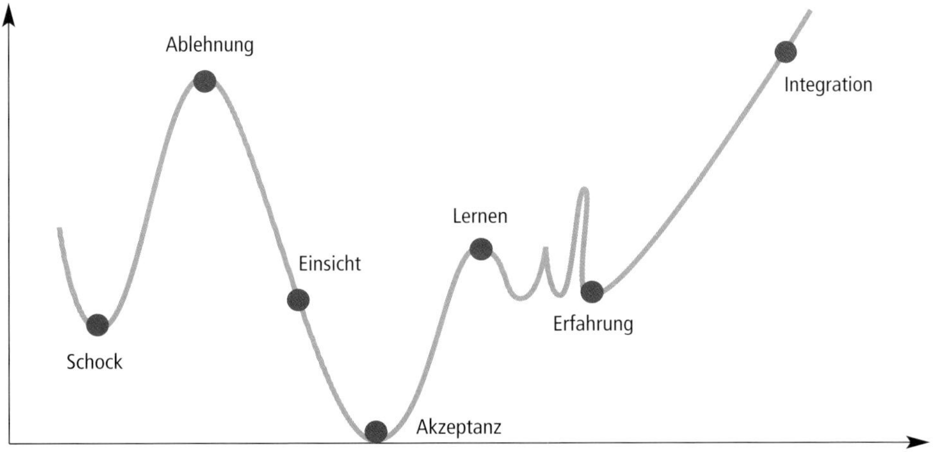

Abbildung 14: Phasen des Changemanagementprozesses

Erläuterung der Phasen

Folgende Merkmale prägen diese Phasen:

- *Phase 1, Schock:* Die Mitarbeiter werden zum Beispiel mit schlechten Geschäftsergebnissen konfrontiert. Die eigene Kompetenz wird in Frage gestellt, weil sie eventuell zu den schlechten Ergebnissen beigetragen hat.

- *Phase 2, Ablehnung:* Die Mitarbeiter lehnen jegliche Veränderung ab. Sie aktivieren ihr Selbstbewusstsein, und damit steigt auch das Vertrauen in die eigene Kompetenz wieder.
- *Phase 3, Einsicht:* Die Mitarbeiter sehen zwar ein, dass etwas geändert werden muss. Aber sie sind nicht bereit, einschneidende Änderungen mit zu tragen. Die Lösung, die sie anstreben, ist kurzfristig gedacht und behandelt nicht „die Wurzel, sondern nur das Loch im Zahn".
- *Phase 4, Akzeptanz:* Diese Phase ist am kritischsten. Hier wird entschieden, ob die Mitarbeiter langfristig bereit sind, ihre Verhaltensweisen zu ändern. Gelingt diese Verhaltensänderung nicht, gefährdet das den Changemanagementprozess.

Verbesserung tritt ein

- *Phase 5, Lernen:* Gelingt es, die Bereitschaft zur Veränderung zu wecken, fangen die Mitarbeiter an, zu experimentieren. Neue Abläufe und Prozesse werden auf ihre Durchführbarkeit getestet. Am besten ist es, wenn die Mitarbeiter einfache Projekte übertragen bekommen, die zum Erfolg führen. Mit dem Erfolg steigt auch wieder das Vertrauen in die Kompetenz.
- *Phase 6, Erkenntnis:* Mit der gestiegenen Kompetenz und den Erfolgen erkennen die Mitarbeiter, dass Veränderungen auch Spaß machen können. Sie sind eher bereit, Veränderungen mit zu gestalten. Das verbessert das Flexibilitätsvermögen des Unternehmens.
- *Phase 7, Integration:* Die neuen Verhaltensweisen werden ins Verhaltensrepertoire integriert. Sie sind jetzt selbstverständlich.

Unternehmenskultur anpassen

Alle Abteilungen und Bereiche beteiligen

Zurück zu der neuen Vision „Kundenorientierung". Alle Mitarbeiter im Unternehmen werden durch den Changemanagementprozess auf Kundenorientierung getrimmt. Die Unternehmenskultur verändert sich entsprechend. Das ist auch dringend erforderlich – ist dies nicht der Fall, agieren die Mitarbeiter des Kundenservice-Centers wie auf einer Insel: Nur dieser Bereich ist kundenorientiert ausgerichtet – der Kunde ist der Leidtragende. Aufgaben, die nicht vom Kundenservice-Center bearbeitet werden, sind nicht kundenorientiert genug ausgerichtet. Das kann zum Beispiel bei der Reklamationsbearbeitung fatale Folgen haben. Wenn die anderen Abteilungen nicht mitspielen, kann der Kundenservice die Lösungen nicht kundenorientiert anbieten.

Strittige Punkte klären

Doch bevor der Kundenservice ins Unternehmen zurückgeholt wird, müssen auch noch folgende Themen geklärt werden:

- Ist der Ausstieg aus dem langfristigen Vertrag möglich? Eventuell muss die Abwägung stattfinden, ob eine Vertragsstrafe verkraftet werden kann oder das Backsourcing verschoben werden muss.
- Wenn der Vertrag gekündigt ist, ist es möglich, die Mitarbeiter vom Dienstleister zu übernehmen. Es stellt sich dann die Frage, wie diese Mitarbeiter integriert werden können. Wenn das nicht geht, muss wieder eigenes Know-how aufgebaut werden. Das bedeutet: Standortauswahl, Rekrutierung und Training der Mitarbeiter, Etablierung der Aufbau- und Ablauforganisation.
- Erst wenn dies alles vorbereitet und organisiert ist, ist es sinnvoll, einen Changemanagementprozess aufzusetzen.

Wie gliedere ich den Kundenservice wieder ein?

Koukou weiß nun:
Kundenorientierung im Unternehmen erfordert eine Veränderung der Unternehmenskultur. Die Instrumente des Changemanagements helfen, die Wiedereingliederung umzusetzen.

Koukou fragt sich im Blog:
Brauche ich nicht die Unterstützung eines Spezialisten, um die Unternehmenskultur nachhaltig zu verändern?

Wer bietet bei der Wiedereingliederung Unterstützung?

Hilfe von außen holen

Eine Veränderung der Kultur lässt sich nicht von heute auf morgen bewerkstelligen. Darum sollten sich die Unternehmen professionelle Hilfe von außen holen, etwa einen ausgebildeten systemischen Coach. Dieser erfasst schnell das komplette Umfeld (System) und kann schnell Konflikte, die eine Veränderung behindern, aufdecken. Damit die Veränderung nachhaltig ist, sollte die Vergangenheit aufgearbeitet werden, um Fehler der Vergangenheit nicht zu wiederholen. Wichtig ist es, den wahren Ursachen für die Fehler auf die Spur zu kommen.

Die Arbeit des systemischen Coachs

Es folgt ein Beispiel, das verdeutlicht, wie ein systemischer Coach arbeitet. Das Beispiel ist bewusst allgemein gehalten, damit die dargestellten Prinzipien und die Vorgehensweise auf alle Unternehmenssysteme adaptierbar sind.

Beispiel – die Ausgangslage

Beispiel „Tachidromio"

Die Mitarbeiter eines mittelständischen Unternehmens, nennen wir es hier Tachidromio GmbH, sind bei einem Staatsbetrieb beschäftigt. Dieser Staatsbetrieb wird nun aufgrund des wachsenden Wettbewerbs privatisiert. Die Hoffnung ist, dass er so besser am Markt bestehen kann.

Die Auslagerung

Eine externe Unternehmensberatung durchforstet diesen Staatsbetrieb systematisch und schließt unrentable oder „überflüssige" Bereiche. Der Servicebereich, der aufgrund der vielen Mitarbeiter auch der kostenintensive Bereich ist, wird in die Tachidromio GmbH ausgegründet. Die Mitarbeiter werden in die neue GmbH überführt. Sie erhalten einen neuen Tarifvertrag. In diesem Tarifvertrag werden alle Mitarbeiter finanziell neu eingestuft, was Gehaltseinbußen zur Folge hat.

Zudem werden die Mitarbeiter nicht wirklich von dem „alten System" (Konzern) würdig verabschiedet. Die Identifikation mit dem neuen Unternehmen gestaltet sich insgesamt schwierig.

Der Geschäftsführer wird aus den internen Reihen des Konzerns ernannt. Hintergrund: Er hat sich auf einen Bereichsleiterposten im Staatsbetrieb beworben, den er nicht bekommen hat. Als Ausgleich wird ihm die Position des Geschäftsführers angeboten.

Neuland „Kundenorientierung"

Die Tachidromio GmbH repariert Leitungen, verlegt neue Leitungen und tauscht alte Leitungen aus. Die neuen Mitarbeiter erledigen ihre Arbeit wie bisher. Ihnen wird nicht gesagt, dass sie jetzt auch kundenorientiert vorgehen sollen. Beim Staatsbetrieb war die Kundenorientierung nicht allzu sehr ausgeprägt.

Es kommt, was kommen musste: Die Kunden beschweren sich und kündigen in größerem Umfang. Sie können sich am Markt nicht nur den kostengünstigsten, sondern auch den kundenfreundlichsten Betrieb aussuchen. Der GmbH droht das Aus. Das will der ehemalige Staatsbetrieb und heutige Mutterkonzern natürlich vermeiden, denn er müsste die ehemaligen Mitarbeiter wieder zurücknehmen. Dann wäre die Ausgliederung in eine GmbH umsonst gewesen.

Aufgaben des Geschäftsführers

Der Geschäftsführer hat nun die Aufgabe, das Unternehmen auf Profit zu trimmen. Dabei spielt, wie der Markt gezeigt hat, Kundenorientierung eine elementare Rolle. Er spürt, dass er das alleine nicht bewältigen kann, und holt sich professionelle Hilfe von außen.

Hilfe von außen – der Coach

Coachingfragen

Die professionelle Hilfe liefert ein systemischer Coach. Dieser lässt sich die Vorgeschichte erzählen und stellt dem Geschäftsführer zunächst viele Fragen:

- Welche Hypotheken bestehen aus der Vergangenheit (etwa durch die Nichtwürdigung der Verdienste von Mitarbeitern oder das Herausdrängen verdienter Mitarbeiter)?
- Im vorliegenden Fall ist die GmbH eine Ausgründung aus einem bestehenden System. Wie ging die Abspaltung vonstatten?
- Hat jeder Mitarbeiter seinen Platz im neuen System gefunden?
- Wie wurden die Führungskräfte auf die neue Aufgabe vorbereitet? Wurden sie überhaupt vorbereitet?
- Wie sind die Beziehungsverflechtungen innerhalb der GmbH und zum Mutterkonzern?

Der Geschäftsführer kann den Sinn der Fragen des Coachs nicht nachvollziehen, weil sie seiner Meinung nach nichts mit dem Thema „Kundenorientierung“ zu tun haben. Aber der Coach lässt sich nicht beirren und konzentriert sich bewusst nicht auf das Thema „Kundenorientierung“. Vielmehr analysiert er, warum das System (die Tachidromio GmbH) nicht funktioniert.

Die Prinzipien des systemischen Coachs

Der systemische Coach verfolgt mit seinen Fragen Prinzipien, die helfen, ein System aufrechtzuerhalten, nämlich:

- *Recht auf Zugehörigkeit:* In jeder Organisation/Familie hat jeder das Recht auf Zugehörigkeit.

Die Mitarbeiter fühlen sich sowohl zu dem Mutterkonzern als auch zu der GmbH nicht richtig zugehörig.

- *Geben und Nehmen:* Nur wenn ein Gleichgewicht zwischen „Geben und Nehmen" herrscht, entsteht eine Balance. Ist die Waage in einer Schieflage, entstehen Unzufriedenheit und Konflikte. *Bei der Ausgründung wurde den Mitarbeitern die Vergütung gekürzt. Eine Gegenleistung haben sie dafür nicht erhalten.*

Prinzip „Ältere Rechte"

- *Wer länger da ist, hat Vorrang:* Das gilt gleichermaßen für Organisationen und Familien. Das bedeutet, wer zuerst da war, hat die älteren Rechte. Besonders in Organisationen, in denen Mitarbeiter auf gleicher Ebene sind, ist diese Regel zu beachten.
  Die Tachidromio GmbH hat drei Bereichsleiter, die alle ungefähr die gleiche Ausbildung haben und gleichen Alters sind. Derjenige, der am längsten im Unternehmen ist, hat die älteren Rechte und hätte eher Anrecht auf die Geschäftsführung gehabt.
- *Leistung muss anerkannt werden:* Wird Leistung nicht anerkannt, entsteht Frust und gute Mitarbeiter gehen in der Regel zuerst. *Gute Mitarbeiter bewerben sich beim Wettbewerb, weil sie dort mehr verdienen. Da ihre Leistung nicht anerkannt wird, sind sie dem Unternehmen gegenüber nicht loyal.*

Prinzip „Bleiben und gehen"

- *Bleiben und gehen:* Bleiben kann jeder, der die Organisation braucht, respektiert und der seine Funktionen ausübt. Ein Mitglied, das die Organisation nicht mehr braucht, übt seine Funktionen nicht mehr aus und respektiert die Organisation nicht. Wenn das Mitglied trotzdem bleibt, schadet es dem System. Wichtig ist in diesem Fall, dass eine Trennung des Mitgliedes von der Organisation in gutem Einvernehmen und in gegenseitiger Würdigung vollzogen wird. Geschieht dies nicht, kann es wieder zu unvorhergesehenen Wirkungen innerhalb der Organisation kommen.
  In der GmbH gibt es einige Mitarbeiter, die wissen, dass sie auch in der neuen Organisation aufgrund ihrer langen Betriebszugehörigkeit unkündbar sind. Sie feiern oft krank, die bestehende Arbeitsbelastung wird auf die zur Verfügung stehenden Mitarbeiter verteilt.
- *Organisationen sind aufgabenorientierte Systeme:* Oft beschäftigen sich Mitarbeiter mit sich selbst, mit Beziehungsproblemen oder klagen über „die da oben".

- *Stärkung oder Schwächung beachten:* Nur am „richtigen Platz" kann sich positive Energie entfalten.
  Der Geschäftsführer bewarb sich ursprünglich auf einen Bereichsleiterposten, den er nicht erhalten hat. Es stellt sich deshalb die Frage, ob er auf dem richtigen Platz steht.
- *Das Alte und das Neue unterscheiden:* Nur wenn das „Alte" gewürdigt wird, kann das „Neue" eine Chance haben.
  Die Mitarbeiter wurden aus dem alten System (Konzern) nicht würdig verabschiedet. Daher können sie sich nicht richtig mit der neuen GmbH identifizieren.

Prinzip „Stärken und Schwächen beachten"

Der Fokus liegt zunächst gar nicht auf der Kundenorientierung. Im Mittelpunkt steht vielmehr die Frage, ob es im System irgendwelche Störungen gibt, die erst einmal behoben werden müssen.

Das systemische Coaching

Störungen beseitigen

Der systemische Coach hat mehrere Methoden im Koffer, mit denen er die Störungen im System aufdeckt und beseitigt. Erst wenn die Störungen beseitigt oder die Verstrickungen gelöst sind, kann der Wandel in den Köpfen der Mitarbeiter stattfinden. Der systemische Coach betreibt schließlich aktives Changemanagement. Die Mitarbeiter können sich nun auf den Kunden konzentrieren und ihr Verhalten mit Hilfe des systemischen Coachs langfristig verändern.

Beratung und Coaching

Was macht der systemische Coach anders als der „normale" Coach? Um diese Frage zu beantworten, muss der Begriff „Coaching" näher erläutert werden. Leider erlebt er eine ähnliche Inflation wie der Begriff „Projekt". Oft wird von Coaching gesprochen, wenn es korrekter wäre, von Training oder von Beratung (Consulting) zu sprechen. Aber: Coaching ist nicht Beratung.

Was Beratung ist, dazu hat sich James G. March, Professor Emeritus of Management, Higher Education, Political Science and Sociology, Stanford University, geäußert: „Das Herzstück einer guten Beratung ist die Einsicht, dass kein Berater genug über die Zusammenhänge weiß, um konkrete Ratschläge zu erteilen. Ein guter Berater kann bestimmte Dinge ansprechen. Was er sagt, ist immer irgendwie falsch, es sollte aber mindestens so falsch sein, dass es einen Manager dazu bringt, noch einmal neu darüber nachzudenken, was er eigentlich tut. Wenn er noch einmal neu nachdenkt, findet er schon selbst heraus, was er sinnvollerweise tun kann. […] Mit Blick auf Beratung rate ich meinen Studenten immer: Fragt eure Berater, was ihr tun sollt. Geben sie euch eine definitive Antwort, feuert sie!“

Gerade Unternehmensberater können schnell in einen Zielkonflikt geraten. Denn es stellt sich oftmals die Frage, ob es sich um ein Beratungsprojekt handelt oder ob der Auftraggeber ein Coaching wünscht. Wenn Beratung und Coaching vermischt werden, kann dies ungute Gefühle beim Kunden und beim Berater/Coach erzeugen.

Coaching-Definition

Der Coach ermöglicht dem Klienten, die Lösungen für Konflikte oder Krisen in sich selbst zu finden, seine Ressourcen wahrzunehmen und zu entwickeln. Im Gegensatz zum Berater wird der Coach nicht wie ein Berater „sagen“, was richtig ist, oder Anweisungen geben. Er wird stets „fragen“ und es dem Klienten überlassen, mögliche Antworten zu finden und zu geben. Die Prozess- und Ergebnisverantwortung bleibt beim Klienten.

Systemisches Coaching

Beim systemischen Coaching wird mit verschiedenen Aufstellungsmethoden gearbeitet. In den Aufstellungen übernehmen und repräsentieren Vertreter die Rollen von Mitarbeitern, Führungskräften, Familienmitgliedern etc. In den Rollen haben sie Empfindungen, die sie verbal oder in Handlungen preisgeben und darstellen. In den Aufstellungen werden Konflikte sichtbar gemacht. Denn Bilder sagen mehr als Worte. Der Klient „sieht“ die Störung im System im wahrsten Sinne des Wortes. Nur was sichtbar ist, kann gelöst werden.

Das System „Unternehmen“

Der einzelne Mitarbeiter ist eben keine Insel. Er gehört zu einer bestimmten Abteilung, die Abteilung wiederum gehört zum Unternehmen, zum Unternehmenssystem. Dann gibt es aber noch andere Systeme, wie zum Beispiel den Berufsverband, die Familie, den Fußballclub. Von all diesen Systemen wird er beeinflusst, auf all diese Systeme nimmt er aber auch Einfluss. Im systemischen Coaching wird geklärt, wer dazugehört, wer von dem Problem betroffen und wer an der Problementstehung beteiligt ist.

Das Unternehmen sollte sich für die Wiedereingliederung des Kundenservice-Centers Hilfe von außen holen.

Ein systemischer Coach verhält sich neutral, bezieht das ganze System ein und macht auch die verdeckten Konflikte und Verstrickungen sichtbar. Erst durch die Sicht auf das ganze System ist Changemanagement möglich. Erst wenn das Unternehmen weiß, welche Störungen und Verstrickungen die Veränderungen verhindern, kann es Lösungen erarbeiten.

Wer kann mich bei der Wiedereingliederung unterstützen?

Koukou weiß nun:
Der Spezialist von außen – am besten ein systemischer Coach – verfügt über einen umfangreichen Methodenkoffer, mit dem sich der Veränderungsprozess der Wiedereingliederung des Kundenservice-Centers erfolgreich bewerkstelligen lässt.

Koukou fragt sich im Blog:
Nun habe ich gelernt, welche Methoden den Changemanagementprozess unterstützen. Aber reicht das aus? Passen die vorhandenen Prozesse noch?

Wie werden die Kundenserviceprozesse in die vorhandenen Unternehmensprozesse integriert?

Prozesse im Kundenservice-Center

Im zweiten Kapitel wurde die Frage beantwortet, warum ein Kundenservice-Center Prozesse braucht. Zur Erinnerung:

- *Kernprozesse* bilden das eigentliche Geschäft der Unternehmung ab, mit denen sie gegenüber dem Kunden am Markt in Erscheinung tritt, Produkte bzw. Dienstleistungen produziert und Umsatz generiert.
- *Unterstützende Prozesse* hingegen sind Service- oder Steuerungsprozesse, die Kernprozesse oder andere Serviceprozesse ermöglichen oder steuern, interne Kunden haben und nicht direkt Umsatz generieren.
- Ein *Geschäftsprozess* ist ein Arbeitsverfahren, das beim Kunden beginnt und beim Kunden aufhört.

Den Kundenwunsch bezeichnet man als Input, das Ergebnis für den Kunden wird als Output bezeichnet. Der Vorgang zwischen In- und Output ist der Wertschöpfungsprozess.

Re-Engineering der Prozesse

Neben der Veränderung der Unternehmenskultur müssen alle Prozesse des Unternehmens auf den Prüfstand gestellt werden. Dieser Prozess wird auch als „Re-Engineering“ bezeichnet. Zuerst sollte dieser Prozess genau definiert werden, um dann in einem Schritt die entsprechenden Umsetzungsschritte zu beschreiben. Im Mittelpunkt: der Kunde und seine Erwartungen. Erst zum Schluss werden die Rollen und Verantwortlichkeiten zugeordnet. So ist sichergestellt, dass der Prozess am Kunden ausgerichtet wird. Wichtig ist zudem, die Prozesse ständig zu prüfen und zu messen, um gegebenenfalls rechtzeitig Korrekturen vorzunehmen. Abbildung 15 zeigt, welche Aspekte – von der Prozess-Strategie bis hin zum Prozess-Controlling – beachtet werden müssen.

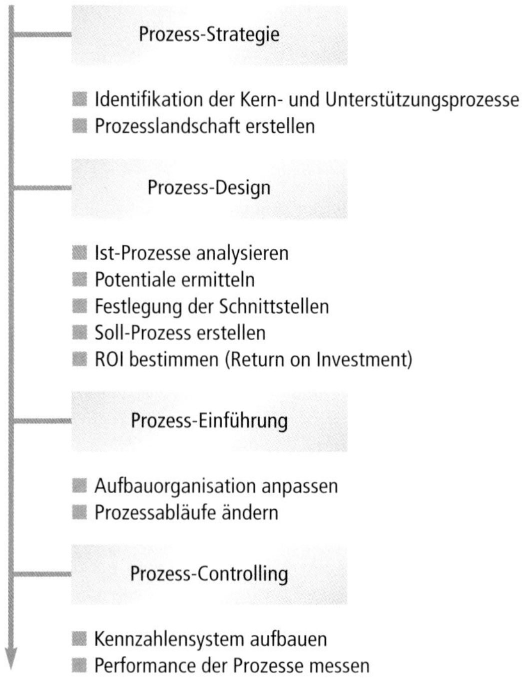

Abbildung 15: Re-Engineering der Unternehmensprozesse

Prozess-Strategie

Bei der Prozess-Strategie legt das Unternehmen fest, was ein Kernprozess und was ein Unterstützungsprozess ist. Kernprozesse sind etwa Produktentwicklung, Verkauf der Produkte oder Kundenbetreuung. Wenn also ein Kunde ein neues Produkt anfordert, startet der Prozess „Produktentwicklung“. In diesem Prozess wird geprüft, ob die Anforderung umsetzbar und wirtschaftlich ist. Sie schließt mit der Information an den Kunden ab.

Abbildung 16: Unternehmerische Kernprozesse

Prozessarten

Die Kernprozesse tragen zur Wertschöpfung bei. Das heißt:

- Ohne Produkt keine Kunden,
- ohne Vertrieb des Produktes keinen Umsatz und
- ohne Service Verlust des Kunden.

Unterstützungsprozesse sind die Prozesse, die indirekt zur Wertschöpfung beitragen. Sie unterstützen also die Kernprozesse.

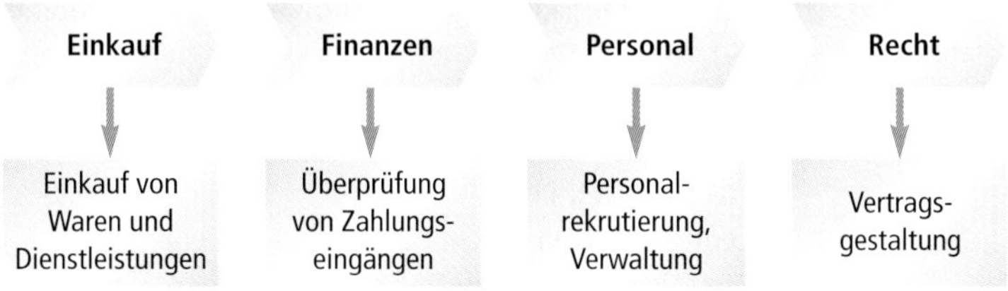

Abbildung 17: Unternehmerische Unterstützungsprozesse

Beispiel: Kundenserviceprozesse erfolgreich gestalten

Das Beispiel verdeutlicht, welche Fehler passieren können, wenn die Prozesse nicht kundenorientiert aufeinander abgestimmt werden. Anschließend wird ein Musterprozess dargestellt – er veranschaulicht, „wie es sein sollte". Und natürlich ist der Ausgangspunkt einmal mehr ein Erlebnis von Koukou.

Koukous Erlebnisblog

Koukou hat im Fernsehen die Reklame einer Autoversicherung gesehen und ruft die in der Sendung eingeblendete Telefonnummer an. Eine nette Telefonstimme meldet sich mit dem Namen der Versicherung und berät Koukou am Telefon über die Möglichkeiten des Produktes „Autoversicherung". Koukou ist interessiert und hinterlässt ihre Adresse, damit die Versicherung ihr einen Antrag zusenden kann. Der Antrag liegt zwei Tage später bei ihr im Briefkasten. Sie versteht den Antrag nicht und ruft nochmals die Rufnummer an, bei der sie sich über das neue Produkt informiert hat. Die Dame teilt ihr mit, dass sie nur Bestellungen von Anträgen entgegennimmt und ihr nicht helfen kann. Koukou ist frustriert und füllt den Antrag nicht aus.

Ein halbes Jahr später bekommt sie einen Anruf von einem netten Herrn, der sie über die Verständlichkeit der Produkte befragen will.

Koukou teilt ihm mit, dass zwar das Produkt verständlich ist, aber der Antrag kompliziert sei und sie deshalb diesen nicht ausgefüllt habe. Der nette Herr bedankt sich für den Hinweis und verabschiedet sich freundlich.
Ein halbes Jahr später ruft wieder jemand bei Koukou an und will sie über die Verständlichkeit der Produkte befragen. Nun wird Koukou böse und legt sichtlich genervt auf.

Was ist hier prozessual falsch gelaufen? Nun: Jeder Bereich hat nur seinen eigenen Prozess beachtet und gelebt.

Marketing	hat ein neues Produkt entwickelt, das Vermarktungskonzept erstellt und die TV-Kampagne an einen externen Dienstleister vergeben. Später hat das Marketing die Adressen mit dem Kundenstamm abgeglichen. Ein anderer Dienstleister hat dann die Nachfassaktion durchgeführt.
Service	war gar nicht involviert – und somit außen vor (hätte Koukou beim Ausfüllen des Antrages helfen können).
Vertrieb	kann ebenfalls nicht reagieren, weil er vom Marketing nicht informiert wurde. Der Vertrieb kann den Kunden nicht kontaktieren und Umsatz für sich generieren.
Externer DL 1	hat die Kundenanfrage entgegengenommen und die Anträge versandt. Die Adressen wurden in eine Excel-Liste eingetragen und an Marketing gesandt.
Externer DL 2	führt die Kundenzufriedenheitsbefragung durch und wundert sich über die verärgerten Kunden. Die Bemerkungen können nicht eingepflegt werden, weil nur Ankreuzmöglichkeit besteht (kein Feld für freien Text).

Abbildung 18: Fehlende Abstimmung der Prozesse – und die Folgen

Prozesse genau definieren

Wäre der Prozess „Interessentenbearbeitung“ sauber definiert und am Kundenwunsch ausgerichtet gewesen, hätte Koukou wahrscheinlich einen Vertrag mit der Autoversicherung abgeschlossen.

Die Kundenerwartungen in dem beschriebenen Verkaufsprozess sehen wie folgt aus:

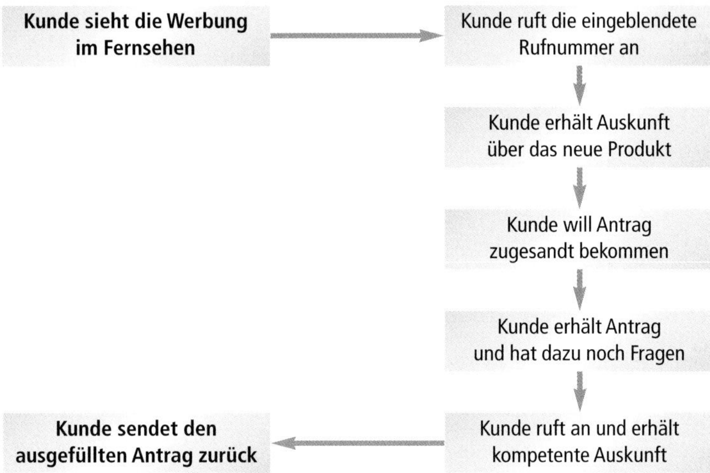

Abbildung 19: Kundenerwartungen

Interne Unternehmensorganisation wichtig

Wie muss sich das Unternehmen intern organisieren, damit die Erwartungen des Kunden erfüllt werden können? Nehmen wir an, dass das interne Kundenservice-Center keine Kapazitäten hat, um das hohe Anrufaufkommen zu bewältigen. Es beauftragt darum einen externen Dienstleister. Zunächst wird eine Liste mit den Aufgaben erstellt, die abgearbeitet werden müssen – zum Beispiel:

- für den Kunden eine kostenlose Rufnummer beantragen
- externen Dienstleister aussuchen und beauftragen
- Werbeagentur für Prospekterstellung auswählen
- Produktbeschreibung erstellen
- Argumentationshilfen bereitstellen
- Interessentenverwaltungssystem anpassen
- mit der IT abstimmen
- externen Dienstleister schulen

- internen Kundenservice schulen
- verschiedene Anschreiben und Mails formulieren
- Dienstleister bei der Einführung unterstützen

Ereignisse lösen Funktionen aus

Nun zurück zum Kundenprozess. Der Kunde hat die Werbung gesehen, und als Auslöser (Ereignis) ruft er die kostenlose Rufnummer an. Dabei gilt: Jedes Ereignis löst eine Funktion aus, die als Ergebnis wieder ein Ereignis auslöst – zum Beispiel:

- Ereignis „Kunde wünscht Information“ löst die
- Funktion „Information geben“ aus, und dies wiederum das
- Ereignis „Kunde hat Information“.

Abbildung 20 veranschaulicht den Zusammenhang.

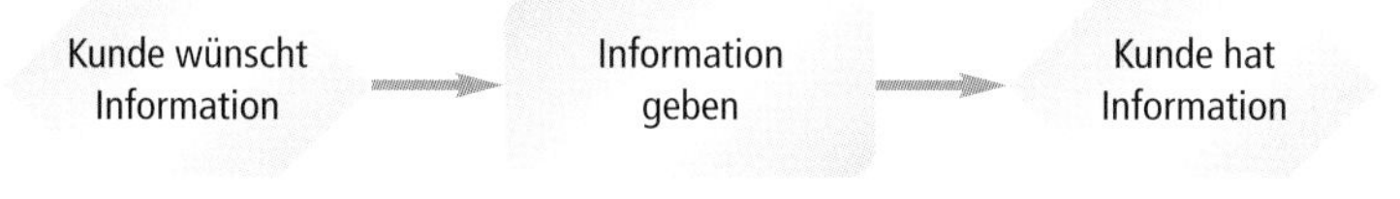

Abbildung 20: Ereignisketten im Kundenprozess

Nochmals zur Verdeutlichung:

- Jedes Ereignis löst eine Funktion aus. Diese Funktion ist eine Tätigkeit oder Aufgabe, die erfüllt wird und mit einem Ereignis abschließt. Beispiel: Wenn ein Kunde anruft, ist das ein Ereignis.
- Dieses Ereignis löst wiederum eine Funktion aus, nämlich „Information geben“, und schließt mit dem Ereignis ab, dass der „Kunde die Information hat“.
- Für jede Funktion gibt es einen Mitarbeiter, der diese ausübt – also das Ereignis herbeiführt – und der einer Organisationseinheit angehört.
- In den Funktionen werden Daten verarbeitet. Ein Prozess berührt oft einen anderen Prozess oder löst einen neuen Prozess aus (Anschlussprozess).

Komplexe Ereignisketten

Aus diesem Zusammenhang ergeben sich komplexe Ereignisketten – die Abbildungen 21, 22 und 23 zeigen Beispiele. Dabei gilt: Je konkreter auf der Prozessebene 0 zum Beispiel die „Anforderungen des Kunden“ definiert sind, desto größer die Aussicht, dass keine Aufgaben oder Anforderungen vergessen werden, die notwendig sind, die Kundenerwartungen auch zu befriedigen.

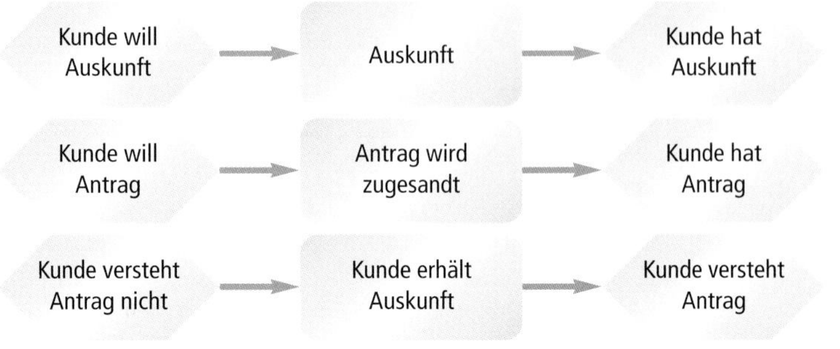

Abbildung 21: Prozess „Anforderungen des Kunden"

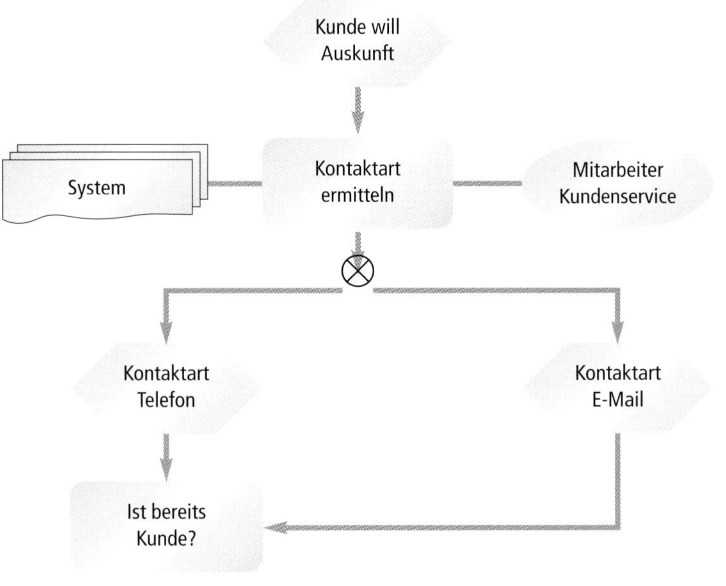

Abbildung 22: Prozess „Kunde will Auskunft"

Der Prozess „Ist bereits Kunde?"

Gerade das Ereignis „Ist bereits Kunde?" ist ein umfangreicher Prozess. Jedes Unternehmen kennt das: Wenn jemand das Unternehmen kontaktiert, wissen wir meistens nicht, wer anruft, welches Anliegen er hat und ob er bereits in unseren Systemen vorhanden ist. Daher ist es wichtig, den Anrufer zu qualifizieren. Das passiert in dem nächsten Prozess, den die Abbildung 23 zeigt.

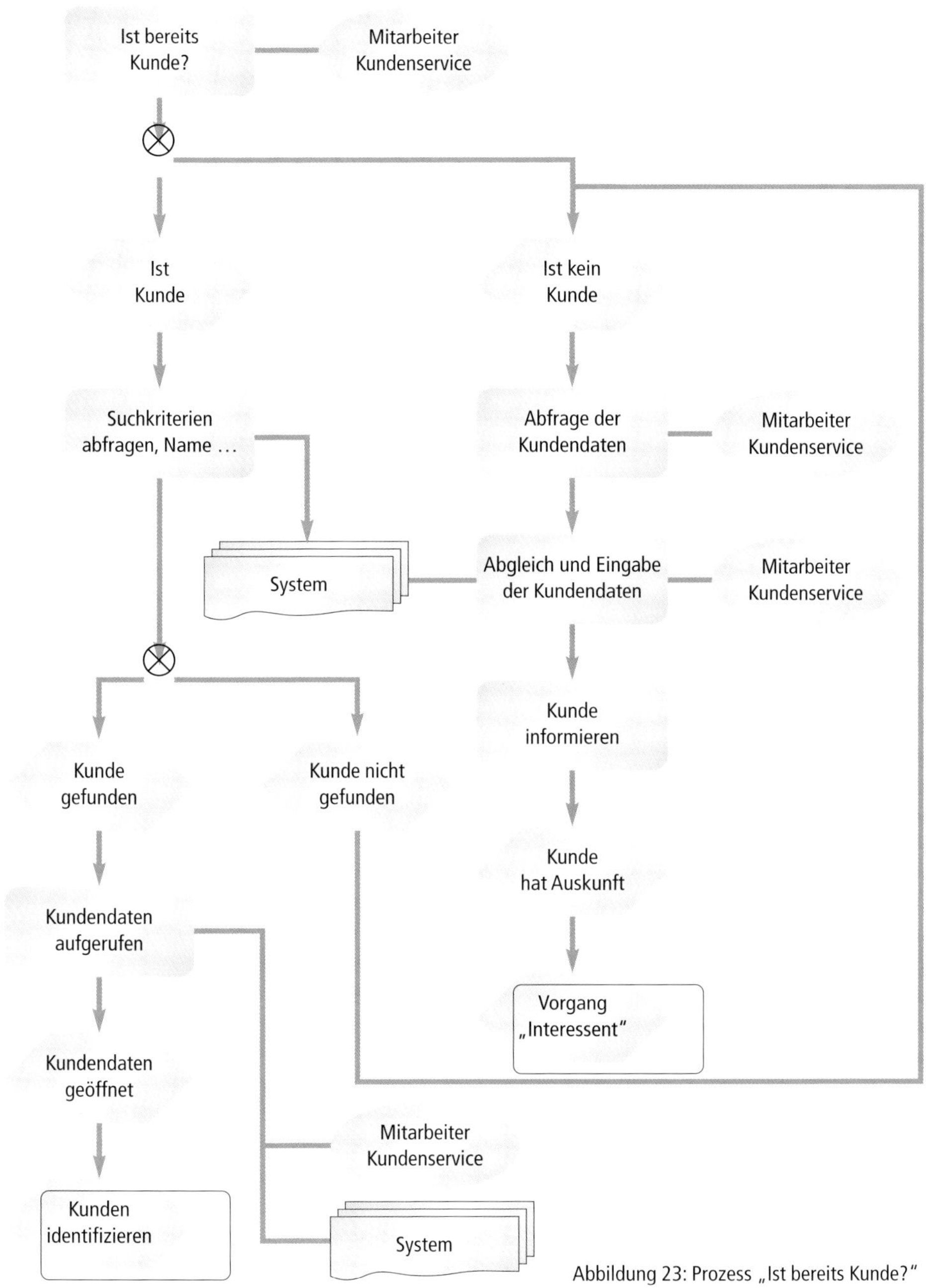

Abbildung 23: Prozess „Ist bereits Kunde?"

Prozess „Kunde wünscht Auskunft"

In dem Beispiel: „Kunde wünscht Auskunft zur Autoversicherung" kann der Wunsch im ersten Schritt verallgemeinert werden zu „Kunde wünscht Auskunft". Auf der Prozessebene 0 ist das ausreichend. Nun ist der Anrufer qualifiziert und im zweiten Schritt wird das Prozessgerüst mit Leben gefüllt. Dazu gehört, Kontaktgründe zu formulieren, Eingabevorschriften für die Adresse zu erstellen, Arbeitsanweisungen und Anleitungen zu erstellen etc. Da jedes Unternehmen eigene Produkte und Abläufe hat, sehen diese individuell anders aus.

Der Prozess „Kunde wünscht Auskunft" lässt sich schließlich wie folgt beschreiben:

1. Es wird geprüft, ob der Anrufer bereits Kunde des Unternehmens ist.
2. Ist er bereits Kunde, dann erfolgt ein Abgleich der Kundendaten mit dem System und gegebenenfalls eine Korrektur.
3. Ist er noch nicht Kunde, dann im System nach Namen suchen, um sicherzustellen, ob wirklich noch kein Kontakt mit dem Unternehmen besteht.
4. Wenn er noch keinen Kontakt mit dem Unternehmen hat, Kontaktdaten abfragen und eingeben. Mitarbeiter müssen sehr gut bei der Dateneingabe geschult sein, um Dubletten im System zu vermeiden.
5. Nun wird Auskunft erteilt.
6. Es wird der Kontakt im System eingetragen. Vorher werden im Unternehmen die Kontaktgründe festgelegt.
7. Der Kunde erhält Auskunft.

Konkrete Arbeitsanweisungen formulieren

Wichtig ist auch noch: Wenn die Mitarbeiter in der Lage sein sollen, die Prozesse umzusetzen, dann müssen sie konkrete Arbeitsanweisungen erhalten. Denn: Ein vollständiger Prozess umfasst die SLAs und die Arbeitsanweisungen oder Arbeitsanleitungen. Wikipedia definiert eine *Arbeitsanweisung* wie folgt: „Eine Arbeitsanweisung regelt detailliert, wie bestimmte Arbeitsaufgaben durchzuführen sind. Arbeitsanweisungen sind an einen bestimmten Prozess bzw. ein Produkt oder einen Arbeitsplatz gebunden. Sie sind ein Hilfswerkzeug für jeden Mitarbeiter, damit er seine Aufgaben qualitätsgerecht erfüllen kann. Die einzelnen Arbeitsschritte werden häufig in Flussdiagrammen oder in einer Art Checkliste festgehalten.

Der Einsatz einer Arbeitsanweisung ist sinnvoll, wenn trotz Erfahrung und Qualifikation des Mitarbeiters wiederholt dieselben Fehler gemacht werden. Arbeitsanweisungen eignen sich auch als gute Grundlage für die Einarbeitung neuer Mitarbeiter.

Das Unternehmen kann selbst festlegen, wie eine Arbeitsanweisung auszusehen hat. Eine Aussage zur Erstellung einer solchen Anweisung lautet: *Schreibe sie so, dass der Anwender damit arbeiten kann!*"

Die Tabelle 20 auf der nächsten Seite listet die wichtigsten Elemente einer Arbeitsanweisung auf.

Wenn alle Prozesse auf den Prüfstand gestellt und neue integriert wurden und die Mitarbeiter verstanden haben, dass Serviceorientierung ihren Arbeitsplatz sichert, und die Führung überdies vorlebt, dass alle Prozesse an den Kundenerwartungen ausgerichtet sein sollen – ja dann ist davon auszugehen, dass das Unternehmen auch noch in zehn Jahren besteht.

Wie werden die Kundenserviceprozesse in die vorhandenen Unternehmensprozesse integriert?

Koukou weiß nun:
Die Prozesse werden durchleuchtet und am Kunden neu ausgerichtet. Es findet ein Re-Design der Prozesse statt.

Koukou schreibt im Blog:
Ich glaube, ich habe nun einen guten Überblick. Vor allem weiß ich jetzt, welche elementare Bedeutung der Kundenservice für die Organisation, die Schnittstellen und die Mitarbeiter hat. So manche Leserin und so mancher Leser wird sich jetzt vielleicht überlegen, ob er die Kernkompetenz „Kundenservice" wirklich auslagern will.
Zum Abschluss wünsche ich mir noch mal alle Fragen und Antworten meines Blogs auf einen Blick!

Arbeitsanweisung:

Grundsätzliche Beschreibung, um welche Anweisung es sich handelt. Zum Beispiel: „Kunde wünscht Auskunft"

Telefonische Anfragen
Umgang mit den telefonischen Anfragen, Klärung der Erreichbarkeiten, Klärung dessen, was zu tun ist, wenn der Kunde außerhalb der Öffnungszeiten anruft

Schriftliche Anfragen
Festlegung der Postadresse. Bestimmung des SLA, Klärung der Frage, bis wann die Antwort schriftlich zu erfolgen hat

Kundenidentifikation
Hier ist festgelegt, mit welchen sicherheitsrelevanten Daten der Kunde verifiziert wird.

Bearbeitung im Second Level
Kann dem Kunden im First Level nicht geholfen werden, wird festgelegt, an wen der Kunde weitergegeben wird und in welcher Form das passieren soll.

Geltungsbereich dieser Arbeitsanweisung
Alle Standorte und Abteilungen

Anlagen
keine

Mitgeltende Unterlagen (Anweisungen, SLAs etc.)

ID	Prozess/Prozedur/Handbuch/ …	Ablage (Pfad)	Erstellungs-datum	Version	Autor

Dokumentenhistorien

Version	Erstellungsdatum	Änderung	Gültig von bis	Autor

Tabelle 20: Wichtige Inhalte einer Arbeitsanweisung

6. Die 20 wichtigsten Merksätze auf einen Blick

Koukous Frage im Blog	Koukou weiß nun:
Was ist Kundenservice – und warum soll ich ihn überhaupt anbieten?	Kundenservice ist eine organisatorische Einheit, die alle Kundenwünsche bearbeitet und entgegennimmt. Guter Kundenservice sichert die Existenz des Unternehmens. Allerdings muss auch das Umfeld stimmen (Image und Corporate Identity). Wichtig ist die Einrichtung eines Kundenservice-Centers.
Wieso benötigt ein Unternehmen eine Vision?	Eine klare Vision beschreibt die Ziele des Unternehmens, die am Kunden orientiert sind. Alles Denken und Handeln wird auf den Kunden gerichtet.
Wer sind meine Kunden?	Über Kundensegmentierung lerne ich meine Kunden kennen und kann individuell einen auf sie zugeschnittenen Kundenservice bieten.
Welche Service-Strategie biete ich welchen Kunden?	Die Service-Strategie wird individuell auf die Kunden gruppe zugeschnitten. Dabei sollten der Kundenwert und die Kosten in ein Verhältnis gesetzt werden.
Wie ist ein Kundenservice-Center organisiert?	Das Kundenservice-Center befindet sich mit den anderen Unternehmensbereichen auf einer Ebene. Es besteht aus Interessentenbearbeitung, Auftragsbearbeitung, Kundenbetreuung und Fulfillment.
Warum braucht ein Kundenservice-Center Prozesse?	Prozesse sind wichtig, damit die Erwartungen und Qualitätsansprüche des Kunden reibungslos erfüllt werden können. Die Prozesse sind am Kunden ausgerichtet.

Wie wichtig ist Qualität und wie stelle ich sie sicher?	Nur mit Qualität von Produkten und Dienstleistungen hebt sich ein Unternehmen vom Markt ab und kann langfristig seine Kunden binden. Qualität sollte ein Bestandteil der Unternehmenskultur sein.
Mit welchen Kennzahlen wird die Qualität überprüft?	Um die Qualität zu messen, werden in einem Reportingkonzept die Kennzahlen festgelegt. Dazu gibt es viele verschiedene Systeme, aber man sollte auch den gesunden Menschenverstand zu Rate ziehen.
Wie viel Technik braucht ein Kundenservice-Center?	Ein Kundenservice-Center braucht die Technik, damit der Mitarbeiter in seiner Arbeit optimal unterstützt wird. Aber sie ersetzt nicht den Menschen.
Welche Mitarbeiter braucht ein Kundenservice-Center?	Das Kundenservice-Center braucht Mitarbeiter mit hoher emotionaler Intelligenz. Da der Mitarbeiter die Säule des Kundenservice-Centers ist, sollte durch Umfeld, Ausstattung und gute Führung für ein gutes Betriebsklima gesorgt werden.
Wie finde ich die „richtigen" Mitarbeiter?	Wer gute Mitarbeiter finden will, benötigt eine Personalstrategie. Mit Hilfe eines umfangreichen Auswahlverfahrens ist es möglich, die „richtigen" Mitarbeiter aus der Schar der Bewerber herauszufiltern.
Wie binde ich die Mitarbeiter langfristig an das Unternehmen?	Eine gute Einarbeitung, Personalentwicklungsmaßnahmen und angenehmes Betriebsklima führen zur Mitarbeiterbindung.
Was ist Outsourcing?	Outsourcing bedeutet das Auslagern von Teilbereichen, aber auch von ganzen Unternehmensbereichen an einen oder mehrere Dienstleister.
Wie ist ein externer Dienstleister organisiert?	Ein externer Dienstleister ist zumeist projektbezogen organisiert und somit nicht mit dem eigenen Kundenservice vergleichbar.
Wie wähle ich einen externen Dienstleister aus?	Die Auswahl des richtigen Dienstleisters erfordert umfangreiche Vorarbeiten.

Wie steuere ich den externen Dienstleister?	Basis für die Steuerung eines Dienstleisters ist das gegenseitige Vertrauen. Der Dienstleister muss zum Unternehmen passen.
Ist das komplette Auslagern des Kundenservice wirklich sinnvoll?	Der Kundenservice ist die Kernkompetenz des Unternehmens und sollte nicht komplett ausgelagert werden.
Wie gliedere ich den Kundenservice wieder ein?	Kundenorientierung im Unternehmen erfordert eine Veränderung der Unternehmenskultur. Die Instrumente des Changemanagement helfen, die Wiedereingliederung umzusetzen.
Wer kann mich bei der Wiedereingliederung unterstützen?	Der Spezialist von außen – am besten ein systemischer Coach – verfügt über einen umfangreichen Methodenkoffer, mit dem sich der Veränderungsprozess der Wiedereingliederung des Kundenservice-Centers erfolgreich bewerkstelligen lässt.
Wie werden die Kundenserviceprozesse in die vorhandenen Unternehmensprozesse integriert?	Die Prozesse werden durchleuchtet und am Kunden neu ausgerichtet. Es findet ein Re-Design der Prozesse statt.

Schlusswort

Ich hoffe, Ihnen hat das Buch gefallen. Wenn ja, dann empfehlen Sie es bitte weiter.

Neues zu Koukou

Vielleicht wollen Sie noch mehr über Koukou erfahren und wissen, warum sie einen griechischen Namen trägt. Und sicher fragen Sie sich, warum ich gerade eine Eule ausgesucht habe, um das Thema „Kundenservice" zu beschreiben.

Der Name „koukouwagia" kommt aus dem Griechischen und heißt übersetzt „Eule". Weil das aber schwer zu merken und auszusprechen ist, entstand der Rufname Koukou.

„Wer hat die Eule nach Athen getragen?", fragte Aristophanes 414 v. Chr. in seiner satirischen Komödie „Die Vögel". Die Eule war ein in Athen sehr häufig vorkommender Vogel und zierte zudem als Wappentier der überaus reichen Stadt die Rückseite der athenischen Münzen. So erschien es unsinnig, weitere Eulen – und zwar sowohl die Vögel als auch die ebenso genannten Münzen – nach Athen zu tragen. Die Redensart „Eulen nach Athen tragen" steht seither sprichwörtlich dafür, etwas Unsinniges und Überflüssiges zu tun.

Etwas „Eulen-Symbolik"

In Griechenland war die Eule gut angesehen und galt als Weisheitsvogel, ausgewählt von der Göttin Athene, der Beschützerin Athens und Göttin der Weisheit. Die Eule war auch Beschützerin und begleitete Heere in den Krieg. Daneben symbolisierte die Eule in Griechenland auch Wissenschaft und Besonnenheit.

Doch nun genug der Symbolik. Sie haben Koukou durch alle Kapitel begleitet und wissen nun, wie man ein Umfeld für exzellenten Kundenservice schafft. Und wenn Sie das vierte Kapitel gelesen haben, wissen Sie auch, dass das Auslagern des Kundenservice ist, als ob Sie „Eulen nach Athen tragen". Es ist überflüssig und unsinnig. So geben Sie Ihre Kunden „aus der Hand". Besser ist es, Sie erbringen die Serviceleistungen in Ihrem Unternehmen – und zwar in Topqualität!

Danksagungen

Lassen Sie mich zum Schluss noch meinem Mann Oliver danken. Von ihm stammt die Idee, dass Koukou Sie durch das Buch führt. Und er hat auch die Koukou-Zeichnungen angefertigt.

Übrigens: Koukou wurde am 24.7.2008 beim deutschen Patent- und Markenamt unter der Nummer 30 2008 023 867 als Wort- und Bildmarke eingetragen.

Auch bedanke ich mich bei der Lufthansa für die Genehmigung, die Kundenkarten inklusive Erklärung abzudrucken. Einen herzlichen Dank auch an Herrn Dr. Holger von Jouanne-Diedrich für die „Forschung".

Last but not least möchte ich meiner Freundin Karin Buck danken, denn ohne sie hätte ich dieses Buch nie geschrieben. Aber wie sagt Karin so schön: „Ich habe dir zur Schwangerschaft geholfen, geboren hast du das Baby selber."

Liebe Leserinnen und Leser, an dieser Stelle auch noch mal ein Dankeschön an Sie. Denn Sie haben das Buch gekauft. Ich freue mich, wenn Sie an der einen oder anderen Stelle geschmunzelt haben oder sich in einigen Beispielen wiedergefunden haben. Wenn Sie ähnliche Erfahrungen wie die hier geschilderten gemacht haben oder mir einfach nur einen Kommentar zu dem Buch schreiben möchten, freue ich mich auf Ihre Kontaktaufnahme.

Sie erreichen mich unter:

Jacqueline Irrgang, Postfach 230 174 in 40087 Düsseldorf,
E-Mail: j.irrgang@ccq.de, Telefon: 02 11/2 60 92 62,
mobil: 01 77/7 66 66 60.

Es grüßt Sie Jacqueline Irrgang – und natürlich grüßt Sie auch Koukou!

Literaturverzeichnis

Friedag, Herwig R.; Schmid, Walter: *Balanced Score Card. Mehr als ein Kennzahlensystem.* Haufe Verlag 1999

Jouanne-Diedrich, Holger von: *15 Jahre Outsourcing-Forschung: Systematisierung und Lessons Learned.* In: Zarnekow, R.; Brenner, W.; Grohmann, H. H. (Hrsg): Informationsmanagement. Konzepte und Strategien für die Praxis. Dpunkt. Verlag 2004, S. 125–133. Siehe auch: http://www.ephorie.de

Stichwortverzeichnis

ACD (Automatic Call Distribution) 66
Anforderungsprofil 78
Anrufkosten 23
Arbeitsanweisungen 142
Arbeitszeitmodelle 80
Assessment-Center 88
Auftragsbearbeitung (Order Entry) 27, 30
Auslagerung des Kundenservice 100, 108 (Beispiele), 112 (Steuerungsprobleme), 114

Backoffice 28
Backsourcing 119, 122 (Changemanagement), 125 (Unterstützung), 132
Balanced Scorecard 64
Bearbeitungs-Level 29
Beschäftigungsarten 80

Changemanagement 121, 122
Coach, systemischer 126, 129 (Coaching)
Corporate Identity 14
CRM (Customer Relationship Management) 70
CTI (Computer Telephone Integration) 69

Dezentraler Kundenservice 18
Dialer 69
Dienstleister, extern 102 (Organisation), 104 (Auswahl), 106 (Ausschreibung) 108, 114
Dienstleister-Koordinator 108

Emotionale Dissonanz 74
Ereignisketten 137

Frontoffice 27
Führungskraft (Kompetenzen) 96, 98
Fulfillment 30

Ganzheitlichkeit 118
Gehaltsstruktur 80

Image 14
Inbound – Outbound 26
Interessentenbearbeitung 25, 30
IVR (Interactive Voice Response) 68

Kennzahlen 57, 58 (Übersicht)
Kernprozesse 33, 133, 134
Kontaktadressen 23
Kundenbefragung 48, 51, 52 (Beurteilungsbogen)
Kundenbetreuung (Customer Care) 27, 30
Kundenbindung 21, 41, 42 (Kundenbindungsprogramme), 48
Kundenerwartungen 136
Kundenfreundlichkeit 42, 48
Kundengruppen 20
Kundeninformationssystem 39
Kundensegmentierung 19
Kundenservice 7, 8, 12, 43 (fehlender Service)

Kundenservice-Center 13, 25, 65 (Technik), 72 (Mitarbeiter), 100 (Outsourcing)
Kundenwert 20
Kundenwünsche 12

Leadmanagement 25

Merksätze (Überblick) 143
Mitarbeiter 72, 75
Mitarbeiterbewertung 94
Mitarbeiterbindung 90, 93
Mitarbeitereinarbeitung 90
Mitarbeitersuche 75, 82

Organigramm 76
Organisation 25
Organisationshandbuch 36
Organisationsstruktur 30, 34
Outsourcing 100, 108 (Beispiele), 112 (Steuerungsprobleme), 114
Outsourcingarten 101

Personal 72
Personalauswahl 84
Personalentwicklungsmaßnahmen 93
Personalstrategie 75
Personalsuche 84
Prozesse (im Kundenservice-Center) 32, 38 (Geschäftsvorfall), 132, 138

Qualität 41, 57, 48
Qualitäts-Messkriterien 54
Qualitäts-Messmethoden 55
Qualitätsprozess 50
Qualitätssicherung 49
Qualitätsstandards 49, 53

Rekrutierungsformen (Mitarbeiter) 82
Rekrutierungsmedien (Mitarbeiter) 82
Reportingkonzept (Kennzahlen) 57

Schnittstellen 34, 39
Service-Level-Agreement (SLA) 34, 36, 37
Service-Strategie 21
Softskills und Hardskills 72
Stellenbeschreibungen 76

Technik 65 (im Kundenservice-Center)
Telefoninterview (Mitarbeitersuche) 85

Umfeldfaktoren 15
Unternehmenskultur 18, 124
Unterstützungsprozesse 33, 134

Veränderungsprozesse 120
Vertragsgestaltung (Mitarbeiter) 83
Vision 15, 16
Visions-Ausarbeitung 16
VoIP (Voice over IP) 67

Wettbewerbsvorteil durch Service 14
Wiedereingliederung des Kundenservice 119, 125 (Unterstützung), 132
Workflow-System 69

Die Autorin

Jacqueline Irrgang, Jahrgang 1959, beschäftigt sich seit über 30 Jahren mit dem Thema „Kundenservice". Sie ist davon überzeugt, dass nur mit langfristiger Kundenbindung die Existenz des Unternehmens gesichert werden kann. Denn neben einem guten Produkt kann nur guter Service den Kunden an das Unternehmen binden. Nur so bleibt der Kunde treu.

Nach verschiedenen Stationen als Führungskraft im Umfeld Kundenservice machte sie sich 1999 mit ihrer Firma CCQ – Call Center Quality selbstständig und berät heute Unternehmen zum Thema Kundenservice.
Dabei ist der Name Programm. Als Berater hat für sie die Qualität der eigenen Aus- und Fortbildung höchste Priorität.

Sie ist diplomierter systemischer Coach ADG/DGCO. Sie hat eine Zusatzausbildung zum Businesscoach bei dem Erfinder der Systemischen Strukturaufstellung, Prof. Dr. Matthias Varga von Kibèd, mit Erfolg abgeschlossen. Darüber hinaus absolvierte sie an der European Business School ein Studium zum „Executive Interimsmanager". Dadurch bestens für exzellenten Kundenservice gerüstet, konzentriert sie sich heute auf die Aufgaben Interimsmanagement, Prozessberatung und Change Management.

Kontakt: CCQ Call Center Quality, Jacqueline Irrgang,
Postfach 230 174, 40087 Düsseldorf, Telefon: 02 11/2 60 92 62,
mobil: 01 77/7 66 66 60, E-Mail: j.irrgang@ccq.de,
Internet: www.ccq.de